Nürnberger Faszination Chaos

Meiner Mutter, die immer wußte, daß zuviel Ordnung für ein Kind genauso übel ist wie zuviel Chaos.

Christian Nürnberger

Faszination Chaos

Wie zufällig Ordnung entsteht

TRIAS THIEME HIPPOKRATES ENKE

Anschrift des Autors:

Christian Nürnberger
Arabellastraße 5/306
81925 München

Gesamttypographie:
B. und H. P. Willberg, Eppstein/Ts.

Umschlaggestaltung:
Dominique Loenicker, Stuttgart,
unter Verwendung von Dias des
Max-Planck-Institutes für
Molekulare Physiologie, Dortmund

Textgrafiken:
Reimund Mager, Schorndorf

Die Deutsche Bibliothek –
CIP-Einheitsaufnahme

Nürnberger, Christian:
Faszination Chaos : wie zufällig Ordnung entsteht / Christian Nürnberger.
– Stuttgart : TRIAS – Thieme Hippokrates Enke, 1993

Gedruckt auf chlorfrei gebleichtem
Papier

Satz und Druck:
Druckhaus Götz GmbH, Ludwigsburg
(Linotype System 5 [202])

ISBN 3-89373-244-6   1 2 3 4 5 6

Chaos – die maskierte Ordnung

Die dritte Kränkung der Physiker

Warum ist eigentlich der Wetterbericht notorisch unzuverlässig? Warum blamieren sich Wirtschaftsprofessoren alle Jahre wieder mit ihren Prognosen über die ökonomische Entwicklung der Zukunft? Warum kommen Gutachter in Hearings über die ökologischen Auswirkungen eines technologischen Großprojekts regelmäßig zu gegensätzlichen Ergebnissen, und warum beurteilt ein Gerichtssachverständiger, der vom Staatsanwalt berufen wurde, den Angeklagten in der Regel härter als der Sachverständige des Verteidigers, obwohl doch beide mit wissenschaftlicher Objektivität arbeiten? Warum sind Forschungserkenntnisse von Psycho- und Soziologen auch dann vage, ungenau und widersprüchlich, wenn sie mit exakten Zahlen und mathematischen Methoden arbeiten? Warum können 20 Zigaretten pro Tag den einen umbringen und dem anderen nichts anhaben? Warum erwecken ein paar Gläser Schnaps beim einen die Rauflust, beim anderen das Schlafbedürfnis und beim dritten die Sangesfreude und den Wunsch, sich mit der Welt zu verbrüdern? Warum entwickeln sich Geschwister, die von ihren Eltern das annähernd gleiche Erbgut mitbekommen haben und unter annähernd gleichen Bedingungen erzogen werden, dennoch ganz unterschiedlich? – Und warum gibt es auf all diese Fragen keine einzige befriedigende Antwort?

Noch bis vor wenigen Jahren hätten Wissenschaftler aller Länder und aller Disziplinen darauf geantwortet: »Wir haben eben noch nicht genügend Daten, um diese Fragen beantworten zu können« oder »die Daten sind noch nicht exakt genug« oder »die Leistung unserer Computer reicht noch nicht« oder »zwischen der Wirklichkeit und den Modellen, die wir von ihr machen, klafft noch eine zu große Lücke«. Und anschließend hätten sie hinzugefügt: »Aber wenn wir erst einmal über verfeinerte Modelle, bessere Theorien, leistungsfähigere Computer und genügend exakte Daten verfügen, dann werden auch unsere Prognosen treffsicherer, und irgendwann werden wir Prognosen liefern, auf die Verlaß ist. Auch die Fragen nach den Zigaretten, dem Schnaps und den unterschiedlichen Geschwistern werden wir dann zufriedenstellend beantworten können.«

Heute teilen die meisten Wissenschaftler diesen Optimismus nicht mehr. Und jene, die ihn noch teilen, werden aussterben. Es ist nämlich eine neue Wissenschaft entstanden. Eine weitere wissenschaftliche Revolution, die zweite in diesem Jahrhundert, hat noch einmal das Bild erschüttert, das die Wissenschaftler bisher von der Welt zeichneten. »Chaostheorie« nennt sich die neue Wissenschaft, sie hat den Physikern die dritte »Kränkung« in diesem Jahrhundert zugefügt, und davon handelt dieses Buch.

Die erste Kränkung fügte den Physikern Albert Einstein mit seiner Relativitätstheorie zu, indem er mit der Vorstellung von Raum und Zeit als absoluten Kategorien aufräumte. Die zweite besorgte Werner Heisenberg mit seiner Unschärferelation, welche den Traum von einem exakt kontrollierbaren Meßprozeß im Mikrokosmos beendete, und die Chaosforscher erledigten nun die Hoffnung, wenigstens im Makrokosmos mögen die alten Gewißheiten der klassischen Physik noch gelten. Und die auf Laplace zurückgehende Illusion, die gesamte Zukunft des Weltalls sei prinzipiell voraussagbar, sein Schicksal vorausbestimmt, erledigten die Chaosforscher im selben Abwasch gleich mit. Der weltanschauliche Determinismus ist nun endgültig am Ende. Alle Phänomene der Natur, des Menschen und der Gesellschaft sind zwar den sehr gut bekannten Naturgesetzen unterworfen, aber trotzdem in zahlreichen Fällen prinzipiell nicht prognostizierbar. Das ist die Botschaft der Chaostheorie.

Der Mensch ist ein zu komplexes System, als daß er sich mit besseren Computern besser berechnen ließe. Erst recht versagen die Computer und alle Theorien vor der Komplexität dessen, was wir »Gesellschaft« nennen, auch die Wirtschaft erweist sich als noch komplizierter als sich das die Wirtschaftsprofessoren bisher träumen ließen. Und selbst ganz einfache, überschaubare Systeme in Physik und Chemie, von denen man glaubte, sie längst durchschaut zu haben, überraschen mit unvorhersagbarem, komplexem Verhalten.

Die begrenzte Reichweite wissenschaftlicher Erkenntnis und Prognostik liegt gar nicht so sehr an mangelhaften Rechenkünsten, Daten, Modellen oder Theorien, selten auch am Einfluß unerwarteter Ereignisse oder Störfaktoren von außen. Wenn Prognosen und Theorien in der Vergangenheit immer wieder an der Realität scheiterten, dann lag das hauptsächlich daran, daß man sich über das Wesen komplexer Systeme täuschte. Haupt- und Neben-Irrtum begannen nicht erst mit dem Rechnen, sondern schon vorher.

Ob es sich um die Wirtschaft handelt, um komplizierte physikalische Prozesse, um lange Ketten chemischer Reaktionen, um Vorgänge im Gehirn, um das Verhalten von Menschen oder nur um das banale Wetter: Der Haupt-Irrtum lag immer in jener Grundannahme, die noch bis vor wenigen Jahren unkritisiert den Optimismus der Wissenschaftler nährte, die Annahme, daß die annähernde Kenntnis der Ausgangsbedingungen eines Systems und die Kenntnis der für dieses System gültigen Gesetze genüge, um das künftige Verhalten dieses Systems mit ausreichender Genauigkeit voraussagen zu können. Und der Neben-Irrtum lag in dem Glauben, daß ähnliche Ursachen stets ähnliche Wirkungen hervorrufen. Ein amerikanischer Gelehrter pflegte diese Annahme vor seinen Studenten in die Worte zu kleiden: »Der Grundgedanke abendländischer Wissenschaft lautet, daß der Fall eines Blattes auf dem Planeten eines anderen Milchstraßensystems nicht in Rechnung gezogen werden muß, um die Bewegung einer Billardkugel auf einem Spieltisch hier auf Erden zu berechnen. Sehr kleine Nebenfaktoren dürfen vernachlässigt werden.« Beliebig kleine Einflüsse könnten nicht beliebig große Wirkungen hervorrufen.

Inzwischen weiß die Gemeinde der Wissenschaftler: Dieser abendländische Grundgedanke ist zu kurz gedacht, zwar nicht grundsätzlich falsch, aber nur begrenzt gültig. Die Zahl der Fälle, in denen man sich auf ihn verlassen kann, ist deutlich geringer als man bisher dachte. Und dort, wo diese Verläßlichkeit noch besteht, besteht sie nicht in alle Ewigkeit. Auch verläßliche Systeme können »unzuverlässig« werden. Und darum werden Prognosen auch künftig, trotz besserer Daten, besserer Theorien und besserer Technik, immer wieder scheitern.

Daß man über so viele Jahrhunderte, im Grunde eigentlich seit Newton und Galilei, so naiv an die grundsätzliche Berechenbarkeit aller Systeme glaubte, kann andererseits wiederum nicht verwundern, gründet doch unsere technisch-wissenschaftliche Zivilisation in eben diesem

Glauben und seiner ständigen Rechtfertigung durch den historisch beispiellosen Erfolg. Kein Auto würde fahren, kein Kühlschrank funktionieren, kein Medikament in der erwarteten Weise wirken, keine Brille würde Sehfehler ausgleichen, und kein Mensch und keine Rakete wäre je auf dem Mond gelandet, wenn man sich nicht darauf verlassen könnte, daß Systeme auf ähnliche Ursachen auch ähnlich reagieren. Wind und Wetter, Wolken und Meer, so dachten die Wissenschaftler jahrhundertelang, mögen sich kompliziert verhalten, aber wenn der Wind die Wolken erst einmal weggeblasen hat, dann wird der Blick frei auf jenen Raum, in dem Sterne, Monde und Planeten so zuverlässig ihre ewigen Bahnen ziehen, daß wir Sonnen- und Mondfinsternisse über Jahrtausende vor- und zurückberechnen können. Es war dieser großartige Erfolg, der die Wissenschaftler blind machte für die Einsicht, daß sie ja nur auf kleinen Inseln der Berechenbarkeit in einem Meer von Unberechenbarkeit agierten.

Inzwischen versuchen sie sich damit abzufinden, daß sogar auf ihren Inseln der Berechenbarkeit hin und wieder »Land unter« gemeldet werden muß. Nicht nur das launische Wetter entzieht sich dem wissenschaftlichen Zugriff, sondern streng genommen jedes physikalische, chemische und biologische System. Es traf die Wissenschaftler wie ein Schock, als Chaosforscher zum ersten Mal behaupteten: »Wir meinen es wirklich ernst, wenn wir von prinzipieller Unvorhersagbarkeit reden. Die Unvorhersagbarkeit ist tatsächlich universal.« Sie gilt nicht nur fürs Wetter, sie gilt auch für die ewigen Bahnen der Planeten, die so ewig nicht sind. Auch Planeten können von ihrer Bahn abweichen. Ganze Planetensysteme können ins Trudeln geraten. Man muß nur lange genug warten.

Zur Botschaft von der prinzipiellen Unvorhersagbarkeit gesellt sich die Entdeckung, daß jedes System – egal, ob zur Physik gehörend, zur Chemie, zur Biologie, zur Medizin, zur Psychologie oder zur Soziologie – in drei verschiedenen Zuständen existieren kann, die sein Verhalten in charakteristischer Weise prägen.

Der erste Zustand ist der stabile, ist jener Zustand, den man bisher für den Normalfall und die Regel hielt. Er heißt stabil, weil Systeme in diesem Zustand auf Einflüsse oder Störungen in einer der

Größe der Störung angemessenen Weise berechenbar reagieren. Die Welt in solchen Systemen erscheint geordnet, zuverlässig und vorhersagbar. Gleiche Ursachen führen in dieser Welt zu gleichen Wirkungen, ähnliche Ursachen zu ähnlichen Wirkungen, und ähnliche Zahlen, durch die Mühle eines mathematischen Apparats gedreht, führen zu ähnlichen Ergebnissen. Dieser stabile, geordnete Zustand war bisher das Biotop, in dem sich die Naturwissenschaftler tummelten und sich dazu verführen ließen, ihr Biotop für das Ganze zu halten.

Dann entdeckten die Chaosforscher Systeme, die auf Störungen »unangemessen«, empfindlich, unberechenbar reagieren. Kleinste Unterschiede in den Anfangsbedingungen lassen ein- und dasselbe System völlig verschiedene, unvorhersagbare Entwicklungen nehmen. Ähnliche Ursachen führen plötzlich zu ganz unähnlichen Wirkungen. Ähnliche Zahlen, die ein- und derselben mathematischen Prozedur unterworfen werden, münden in verschiedenste, kaum abschätzbare Ergebnisse. Wegen solcher Unberechenbarkeit und Unzuverlässigkeit nannten die Wissenschaftler diesen zweiten Zustand »chaotisch«. In diesen Systemen kann es zum berühmten »Schmetterlingseffekt« kommen, jenem Phänomen, das zuläßt, daß ein Schmetterling über dem Fischmarkt von Hamburg im August mit einem einzigen Flügelschlag den Münchnern das Oktoberfest verhagelt. Die Chaosforscher entdeckten plötzlich, daß es sich bei diesem alten Meteorologenscherz nicht nur um einen Scherz handelt, sondern um eine Geschichte mit höchst realem Hintergrund.

Der dritte Zustand ist das relativ kurze Übergangsstadium vom stabilen in den chaotischen. In diesem Zustand sind noch die Muster der alten Ordnung vorhanden, sie lösen sich aber zunehmend auf, während gleichzeitig schon die Wellen des Chaos hereinbrechen. Dieser Zustand ist meist von kurzer Dauer, aber höchst interessant. Bekannt ist er den Wissenschaftlern schon lange. Aber weil er mathematisch so schwer faßbar ist, haben sie ihn links liegengelassen. Den Übergang von Ordnung zu Chaos konnten sie nur mit Hilfe von schwer oder gar nicht zu lösenden nichtlinearen Differentialgleichungen beschreiben. Das war frustrierend, und darum wandten sich die Wissenschaftler lieber jenen Systemen zu, die sich mit einfach zu lösenden linearen Differentialgleichungen handhaben ließen, und es gab ja auch genug davon.

Das änderte sich schlagartig, als sich die Wissenschaftler einer anderen Mathematik bedienten. Was vorher so regellos und bizarr erschien, daß man es nur mit schwer handhabbaren nichtlinearen Differentialgleichungen fassen konnte, löste sich wie durch ein Wunder in einfache Beschreibungen auf, als man sich den komplizierten Phänomenen statt mit Gleichungen und Funktionen mit Iterationen und mit »fraktaler Geometrie« näherte. Damit zog plötzlich Ordnung ein in eine Welt, die zuvor als hoffnungslos unübersichtlich erschien. Auf einmal ließen sich zahlreiche, wegen ihrer Kompliziertheit immer ausgeklammerte Phänomene viel einfacher und eleganter beschreiben, als das je mit nichtlinearen Differentialgleichungen gelungen ist. Und mit einem Mal waren jene Mechanismen, die ein stabiles System ins Chaos hinübergleiten lassen, klar zu erkennen und leicht zu durchschauen. Der Weg dahin erwies sich als streng determiniert. Aber am Ziel war wie durch Zauberei jegliche Determination verschwunden.

Und dort machten die Wissenschaftler eine interessante Entdeckung: Was sie für Chaos hielten, erwies sich in Wirklichkeit als maskierte Ordnung. Was aussah, wie die reine Willkür, die Herrschaft des blinden Zufalls, hielt sich in Wahrheit an subtile Regeln. Die Ordnung kam nur im Gewand des Chaos daher. Übersetzte man die Regeln dieser maskierten Ordnung in Geometrie, so zeigten sich Strukturen von solcher Schönheit und Komplexität, wie man sie in der Mathematik noch nie vorher gesehen hat.

Der Weg zu diesem Maskenball der Ordnung ist mit Hilfe der neuen Mathematik so einfach zu begehen, daß keinerlei Bergsteigerqualitäten erforderlich sind. Jeder mathematische Laie kann mit marschieren. Die Leserinnen und Leser sind also eingeladen, die gemütliche Wanderung ins Land des scheinbaren Chaos mitzumachen.

Eine chaotisch schillernde Zeit schafft sich ihre eigene Theorie

Scheinbares Chaos? Maskierte Ordnung? Also gar nicht wirkliches Chaos, sondern nur Ordnung in anderer Form?

Ja, es ist wahr, die Bezeichnung »Chaos« für das, was Chaosforscher untersuchen, ist eigentlich eine Übertreibung, und James A. Yorke, der amerikanische Mathematiker, der diese Übertreibung 1975 erstmals in die Welt setzte, war sich dessen voll bewußt. Ihn ärgerte schon seit langem, daß seine Kollegen, wie auch die Naturwissenschaftler, das Unregelmäßige, Nichtlineare, Komplizierte aus ihrer Arbeit einfach ausblendeten. Um sie darauf aufmerksam zu machen, gab er einer seiner Arbeiten zu diesem Thema den Titel »Periode drei führt zum Chaos« – gegen den Rat von Kollegen, denen solch eine Überschrift für eine wissenschaftliche Arbeit zu reißerisch war.

Der Erfolg gab Yorke recht, wenngleich es in seiner Arbeit und auch in allen nachfolgenden Arbeiten der Chaosforscher hauptsächlich um Mathematik und nicht im geringsten um das ging, woran man beim Wörtchen Chaos denkt: nicht um das Chaos im Kinderzimmer, nicht um das Chaos auf den Straßen während der Rush Hour oder der Urlaubszeit. Und auch mit dem Chaos, das Sturmfluten, Erdbeben, Überschwemmungen, Feuersbrünste, Kriege, Revolutionen und Epidemien hinterlassen, steht die Chaostheorie nur in einem äußerst losen Zusammenhang. Und dennoch: Ganz falsch ist der selbstgewählte Name der Chaosmathematiker, Chaosphysiker, Chaoschemiker, Chaosbiologen und Chaosmediziner auch wieder nicht. Ihr Gegenstand steht schon irgendwie in einer gewissen, fast geheimnisvoll zu nennenden Verbindung zu Krisen, Zusammenbrüchen, Katastrophen und Auflösungen ehemals stabiler Ordnungen. Die Verbindung liegt in einer starken Analogie, manchmal auch nur in der Metapher. Und wahrscheinlich ist es gerade die schillernde Metapher, welche der Chaostheorie zu ihrer großen Popularität weit über die Grenzen der Wissenschaft hinaus verholfen hat.

Immerhin ist es schon eine merkwürdige Koinzidenz, daß die Chaostheorie gerade zu einer Zeit entsteht, in der ein halber Kontinent im Chaos zu versinken droht. Und das kommunistische System in Osteuropa ist ja nicht die einzige Ordnung, die sich aufgelöst hat und die jetzt von einer »neuen Weltordnung« abgelöst werden soll. Man muß nur einmal die Wörter, mit denen Philosophen, Soziologen, Historiker und Zukunftsforscher unsere Zeit auf den Begriff zu bringen versuchen, Revue passieren lassen, um sich ein Bild vom Ausmaß des Chaos in unserer Gegenwart und nächsten Zukunft zu machen: nach Stein-, Bronze- und Eisenzeit komme nun die Siliziumzeit; nach Antike, Mittelalter und Neuzeit die Postmoderne; nach Agrar- und Industriegesellschaft die Dienstleistungsgesellschaft und nach dieser die postindustrielle, postmaterielle Freizeitgesellschaft; nach dem Holz-, Kohle- und Ölzeitalter das Atomzeitalter und nach diesem das Wasserstoff- und Solarzeitalter; ein pazifisches Zeitalter löse das atlantische ab; die Wissenschaftsgesellschaft, die Hightech-Gesellschaft, das kybernetische Zeitalter, das Informationszeitalter sei gerade im Entstehen; und die Esoteriker erwarten das »New Age«, eine neue Epoche namens Wassermannzeitalter. Die Aufzählung ist keineswegs vollständig, aber macht – unabhängig von der Frage, welcher Begriff am besten trifft – eines unbestreitbar deutlich: daß wir in einem Übergang leben, in einem Umbruch von historischem Ausmaß, der sich bis in unser Privatleben erstreckt. Die Auflösung des Patriarchats, die Emanzipation der Frau, die sexuelle Revolution – sie stürzen Mann und Frau in das »ganz normale Chaos der Liebe«.

Alte Ordnungen lösen sich auf, neue sind noch nicht sichtbar oder bilden sich gerade – es geschieht also auf unserer Welt genau das, was Naturwissenschaftler und Mathematiker beim Übergang von Ordnung in Chaos und von Chaos in Ordnung in ihren mathematischen, physikalischen, chemischen und biologischen Systemen beobachten und mit der Chaostheorie auf den Begriff zu bringen suchen. Das Bild, das sie von der Ordnung, dem Chaos und dem Übergang zwischen beidem malen, beschreibt wie ein Gleichnis das Wesen unserer Zeit. Wahrscheinlich liegt darin der tiefere Grund für die Faszination, welche die Chaostheorie, die ja im Grunde eine Mathematik ist, nicht nur auf Mathematiker und Naturwissenschaftler, sondern auch auf Wissenschaftler und Laien außerhalb der Naturwissenschaft ausübt. Aber als Mathematik beschreibt die Chaostheorie offenbar eine Struktur, die überall, in ganz verschiedenen Bereichen der Wirklichkeit die Phänomene unserer Zeit bestimmt. Sie erscheint einer wachsenden Zahl von Zeitgenossen als die Philosophie, die unsere Zeit in Gedanken, Bildern, Formeln und Analogien erfaßt.

Man muß diesen Enthusiasmus nicht teilen. Aber auch der nüchterne Verstand kann nicht mehr leugnen, daß die Chaostheorie im Gebäude der Wissenschaften ein neues Fenster aufgestoßen und damit eine neue Perspektive der Wirklichkeit ermöglicht hat. Die bisherigen Ergebnisse der Chaosforschung erweitern unser Weltbild, lassen uns Zusammenhänge erkennen, wo wir vorher keine vermutet haben, lenken die Aufmerksamkeit auf Phänomene, die bisher wenig oder gar nicht beachtet wurden und lassen scheinbar altbekannte Dinge in neuem Licht erscheinen. Deshalb kann einen an seiner Zeit interessierten Menschen die »Belousov-Zhabotinsky-Reaktion«, an der Chemiker das deterministische Chaos im Reagenzglas studieren, nicht gleichgültig lassen; es könnte ja sein, daß sich daraus etwas lernen ließe über den Zusammenbruch des Kommunismus in Osteuropa. Deshalb muß sich ein Manager mit zentralen Begriffen der Chaostheorie, wie »Selbstähnlichkeit«, »Selbstorganisation« oder »Sensitivität der Anfangsbedingungen« auseinandersetzen, denn das, was damit beschrieben wird, erlebt jeder Manager und Unternehmer auch immer wieder auf dem Markt, an der Börse und unter den Menschen im eigenen Unternehmen. Und am Fraunhofer-Institut für Produktionstechnik und Automatisierung in Stuttgart denken sich Wissenschaftler bereits die »fraktale Fabrik« aus, eine neue Organisation des Produzierens.

Und wenn wahr ist, daß alte Ordnungen sich auflösen und wir überall vor neuen Anfängen stehen, dann kann es für demokratische Staatsbürger nützlich sein, sich anzuhören, was Chaosforscher über die »Sensitivität der Anfangsbedingungen in komplexen Systemen« herausgefunden haben. Selbst wenn nichts davon in die Politik übertragbar oder auf tagespolitische Entscheidungen anwendbar wäre, ist es trotzdem gut, sich bewußt zu machen, daß wir in Zeiten leben, in denen sich scheinbar nebensächliche Entscheidungen, aber auch bewußte oder unbewußte Nichtentscheidungen oder vertagte oder verspätete Entscheidungen langfristig als katastrophale Fehler erweisen können. Unabhängig von jeglichem praktischen Nutzen der Chaostheorie ergibt sich daraus die konkrete Forderung: Man muß in solch zukunftsträchtigen Zeiten den Weichenstellern mit erhöhter Aufmerksamkeit auf die Finger sehen, denn Systeme, die sich im chaotischen Zustand befinden, reagieren schon auf kleinste Einwirkungen extrem empfindlich.

Politische Revolutionen, die Krisen der Institutionen, verborgene Marktmechanismen, Börsencrashs sind nicht die zentralen Themen der Chaostheorie. Praktische Handlungsanleitungen oder gar bessere Prognosen für diese Bereiche darf man von der Chaostheorie nicht erwarten. Im Gegenteil: Eine der wichtigsten Botschaften der Chaosforscher besagt ja gerade, daß das Verhalten komplexer Systeme über einen längeren Zeitraum prinzipiell unvorhersagbar ist. Und darum werden Wissenschaftler heute so still, wenn man ihnen Fragen der Art stellt, wie sie zu Beginn aneinandergereiht wurden.

Begriffe sind Abgrenzungen. Wo wir einen Begriff gebildet haben, meinen wir, ein Teilstück der Wirklichkeit herausgeschnitten, mit dem Begriff zur Deckung gebracht und erkannt zu haben. Wer jedoch nur einmal im Leben in Gedanken die Grenze eines Fraktals abgeschritten ist – sehr viel später werden wir das tun – und wer erkannt hat, daß die Wirklichkeit zu einem sehr großen Teil fraktal strukturiert ist, wird auf immer die Illusion verloren haben, mit Begriffen ließe sich die Wirklichkeit »in den Griff« bekommen. So unendlich verschlungen, so unendlich differenziert wie die Grenze eines Fraktals ist, können wir überhaupt nicht formulieren.

Darum ist es schon in Ordnung, daß die neue Wissenschaftsdisziplin ein wenig unscharf, ein bißchen irreführend und dennoch auch wieder treffend, aber vor allem so unwissenschaftlich anschaulich, Chaosforschung genannt wird.

Der kleine Unterschied und seine großen Folgen

Wie das Chaos in die Wissenschaft hereinbrach

Es war irgendwann an einem Tag des Jahres 1956, als es mit einem alten abendländischen Grundgedanken steil bergab ging. In seinem kleinen Labor am Massachusetts Institute of Technology saß, wie an allen Tagen, der Meteorologe Edward Lorenz und pries sich glücklich, über einen Computer zu verfügen, auf dem er das Wetter simulieren konnte. Zwar füllte der Computer einen beträchtlichen Teil des Labors, ratterte wie eine Dampfwalze, rechnete mit der Geschwindigkeit eines Erstkläßlers, kam in seiner Gedächtnisleistung einem Alzheimer-Kranken gefährlich nahe und gab durchschnittlich einmal pro Woche den Geist auf, aber dennoch erzeugte dieses Ungetüm ein für meteorologische Studien brauchbares Spielzeugwetter.

Da man beim damaligen Stand der Computertechnologie niemals sicher sein konnte, ob das Ding auch richtig gerechnet hatte, ließ Lorenz an jenem Tag sein Ungetüm einen Wetterverlauf, den es schon einmal berechnet und als Kurve ausgedruckt hatte, ein zweites Mal durchhecheln. Lorenz gab daher die Anfangswerte, die er vom ersten Ausdruck ablas, ein zweites Mal ein, drückte auf den Knopf und setzte die Maschine in Gang. Um ihrem Geratter zu entfliehen, verließ er das Labor, machte eine Kaffeepause und hielt einen Schwatz mit den Kollegen. Als er davon zurückkehrte und einen ersten Blick auf die Kurve warf, dachte er, es sei mal wieder eine Röhre kaputt. Die Zweit-Kurve, die ihm der Computer da präsentierte, war eine völlig andere, als die erste, die doch auf denselben Werten basierte. Am Anfang, vom ersten bis zum dritten Maximum und Minimum, stimmten die beiden Kurven noch annähernd überein, aber dann verschoben sich plötzlich die Phasen, und im weiteren Verlauf hatten die beiden Kurven nichts mehr miteinander gemein.

Das konnte nicht sein. Gleiche Zahlen, nach ein- und derselben Formel berechnet, müssen doch gleiche Kurven liefern! Lorenz war noch ganz dem alten abendländischen Grundgedanken verhaftet. Er wollte sich schon auf die Suche nach der kaputten Röhre machen, als ihm blitzartig der Gedanke kam: »Nein, es liegt vielleicht gar nicht an der Röhre. Es könnte mit meiner Eingabe zusammenhängen.« Er erinnerte sich nun, bei der ersten Berechnung für den entscheidenden Parameter des Gleichungssystems den Wert 0,506127 eingegeben zu haben. Beim zweiten Mal hatte er der Einfachheit halber auf 0,506 abgerundet. Das Ergebnis erschien dennoch kurios. Wenn gleiche Zahlen gleiche Ergebnisse liefern, dann müssen doch ähnliche Zahlen zumindest zu ähnlichen Ergebnissen führen. Die Differenz von rund einem zehntel Promille in den Anfangswerten darf doch kein Ergebnis produzieren, das um wesentlich mehr als ein zehntel Promille differiert. Sollte diese Gesetzmäßigkeit plötzlich außer Kraft gesetzt worden sein? Welcher Algorithmus, welches Datenverarbeitungsrezept vermag so etwas? Lorenz blickte auf seine Kurve, er blickte auf seine Formeln und dachte: Irgend etwas, irgend ein seltsamer Zusammenhang muß in diesen Formeln stecken und bewirken, daß Zahlen plötzlich verrückt spielen. Es war die Geburtsstunde der Chaostheorie.

Wenn ein Auto mit Tempo 100 auf der Autobahn fährt, dann hat es nach vier Stunden 400 Kilometer zurückgelegt. Ein zweites, das mit Tempo 101 fährt, kommt 404 Kilometer weit, und ein drittes, das nur 99 Kilometer pro Stunde fährt, erreicht nach drei Stunden 396 Kilometer. Alle drei fahren ungefähr 100, und alle drei kommen damit in vier Stunden ungefähr 400 Kilometer weit. Mit ähnlichen Geschwindigkeiten legt man bei gleicher Zeit ähnliche Wegstrecken zurück. Würde in diesen Zusammenhang plötzlich jener geheimnisvolle Algorithmus eingreifen, der offenbar in Lorenz' Wettergleichungen am Werk war, dann müßte das dazu führen, daß die drei Autos, obwohl annähernd gleich schnell, völlig unterschiedliche Strecken zurücklegten, das etwas langsamere beispielsweise nur 350 Kilometer, das etwas schnellere 450. Und das mußte einem Wissenschaftler wie Lorenz einfach verrückt erscheinen.

Wenn es diesen Algorithmus gibt, und wenn dieser Algorithmus sich plötzlich entschiede, nicht mehr nur in Lorenz' Spielzeugwetter sein Unwesen zu treiben, dann wäre keine Wissenschaft mehr möglich, würde keine Technik mehr funktionieren. Jede Wissenschaft, jede Technik ist darauf angewiesen, daß die in ihren technisch-wissenschaftlichen Systemen wirkenden Zahlenzusammenhänge kleine, aber unvermeidliche Meßfehler und Ungenauigkeiten verzeihen.

Es ist nicht nötig, daß eine Mondrakete auf den Zentimeter genau auf dem vorher berechneten Punkt landet. Aber den Mond treffen sollte sie schon. Das kann sie aber nur, wenn die zahlreichen, mit vielen kleinen Fehlern behafteten Größen in den Milliarden Berechnungen, die für eine gelingende Mondlandung nötig sind, am Ende zu einem Ergebnis führen, dessen Fehlerträchtigkeit im Verhältnis auch nicht größer ist als die der verwendeten Rechengrößen. Das heißt: Die Rakete landet zwar nicht am errechneten Punkt, aber mit hoher Zuverlässigkeit irgendwo innerhalb eines Kreises von einigen Kilometern um diesen Punkt.

Weil Heerscharen von Wissenschaftlern in ungezählten Berechnungen und Experimenten über Jahrhunderte hinweg immer wieder die Erfahrung machten, daß geringfügige Meßfehler ihre Ergebnisse nur geringfügig verfälschen, hat sich im typischen Wissenschaftlergehirn diese Erfahrung allmählich zu einem Glaubenssatz und im weiteren Verlauf zur Gewißheit, zu jenem »abendländischen Grundgedanken« verdichtet, der besagt, daß sehr kleine Nebenfaktoren vernachlässigt werden dürfen.

Warum aber unterschied sich die Kurve, die Edward Lorenz an jenem Tag des Jahres 1956 in der Hand hielt, so signifikant von der ersten Kurve, die doch auf fast den gleichen Anfangswerten beruhte? Warum produzierten ähnliche Zahlen jetzt auf einmal unähnliche Ergebnisse? Wieso darf eine Differenz von 0,000 127 plötzlich nicht mehr vernachlässigt werden? Lorenz blickte auf seine krakelige Kurve und erkannte blitzartig, was sie bedeutete: Der »Grundgedanke abendländischer Wissenschaft« trägt nicht so weit, wie man bisher dachte. Eine alte Wissenschaftlerhoffnung muß aufgegeben werden. Eine ebenso alte Philosophenbefürchtung hat sich erledigt. Wieder einmal brach ein Weltbild zusammen.

Ein Scherz macht ernst

Eine alte Wissenschaftlerhoffnung muß aufgegeben werden? Eine Philosophenbefürchtung hat sich erledigt? Ein Weltbild brach zusammen? Und alles nur wegen der lächerlichen Kurve eines unbekannten Wissenschaftlers aus der zweifelhaftesten aller Naturwissenschaften, der Wolkendeuterei?

Andere Meteorologen und andere Naturwissenschaftler hätten die Sache vielleicht auf sich beruhen lassen. Irgendeine Macke des Computers, der sie nicht weiter nachgehen wollten, irgendein »Dreckeffekt«, wie man ihn in Experimenten immer wieder erlebt, und der nicht weiter interessant ist, wird wohl das kuriose Ergebnis verursacht haben, hätten die meisten von ihnen gedacht, und wären zur Tagesordnung übergegangen. Sich von so einer Irritation nicht irritieren zu lassen und sie in der Schublade »wissenschaftliche Kuriositäten« abzulegen oder darin den Wink eines neuen, möglicherweise aufsehenerregenden Prinzips zu erkennen, macht den Unterschied zwischen einem gewöhnlichen und einem genialen Wissenschaftler aus. Edward Lorenz erkannte den Wink.

Natürlich mußte er, bevor er dem möglicherweise neuen aufsehenerregenden Prinzip auf den Grund ging, erst einmal ausschließen, daß nicht doch irgendeine Röhre des Computers durchgebrannt oder einfach das Programm fehlerhaft war. Und natürlich mußte er ausschließen, daß er einer bloßen Kuriosität auf die Spur gekommen ist. Er schaute sich also seine Hard- und Software an und befand: Die Röhren sind in Ordnung, das Programm arbeitet fehlerfrei. Dann rechnete er alles noch einmal nach, mit anderen Zahlen und mit noch geringeren Differenzen bei der Eingabe der Anfangswerte, aber immer mit den selben Gleichungen. Das Ergebnis war stets dasselbe: Ähnliche Zahlen führten keineswegs zu ähnlichen Ergebnissen. Sogar Zahlen, die wir in unserem Alltag als praktisch gleich betrachten würden, Zahlen also, die sich erst an zwölfter oder fünfzehnter Stelle hinter dem Komma voneinander unterscheiden, führten irgendwann zu drastisch anderen Kurvenverläufen.

Auf die Meteorologie übertragen bedeutete das: Ganz ähnliche Wetterlagen können sich nach einiger Zeit zu völlig gegensätzlichen Wettern entwickeln. Winzigste Unterschiede in der Temperatur, der Luftfeuchtigkeit, des Luftdrucks, der Windgeschwindigkeit oder der Windrichtung können sich zum Unterschied zwischen Winter- und Sommerwetter, Windstille oder Sturm aufschaukeln. Lorenz setzte sich hin und schrieb für eine meteorologische Zeitschrift einen Aufsatz mit dem Titel: »Kann der Flügelschlag eines Schmetterlings in Brasilien einen Tornado in Texas hervorrufen?« Im Aufsatz selbst gab Lorenz die Antwort: Ja. Die alte Geschichte vom Schmetterling und vom Kapitän, bisher nur als Scherz unter Meteorolgen mit vielen geographischen Varianten gehandelt, war für Lorenz kein Scherz mehr, sondern eine Wahrheit. Der Flügelschlag eines Schmetterlings über New York kann wirklich einen Tornado über Dallas auslösen. In der Kapitänsvariante ist es das Niesen des Kapitäns auf seinem Dampfer im Pazifik, das einen Schneesturm in Alaska entfacht.

Lorenz' Aufsatz hätte eigentlich Aufsehen erregen müssen. Aber die meteorologische Zeischrift, in der er stand, wurde von keinem Mathematiker und keinem Physiker gelesen, und nicht einmal alle Meteorologen lasen diese Zeitschrift. Lorenz selbst, der sich der Brisanz durchaus bewußt war, zählt nicht zu jenem Menschentypus, der laut gackert, wenn er ein Ei gelegt hat. So schlummerte eine hochbrisante Entdeckung viele Jahre vor sich hin.

Bis die Gemeinde, die noch ganz dem »Grundgedanken abendländischer Wissenschaft« verhaftet war, anfing, die Entdeckung zur Kenntnis zu nehmen, hatte Lorenz Zeit gehabt, eine Frage zu klären, die noch offen war: »Meine Gleichungen, mit denen ich meinen Computer fütterte, beschrieben ja nicht die ganze komplexe Wirklichkeit der Meteorologie, sondern nur ein vereinfachtes, auf das Wesentliche reduzierte Modell der Wirklichkeit. Funktioniert der Schmetterlingseffekt vielleicht nur in meinem vereinfachten Modell, während er im wirklichen Wetter keine Chance hätte, oder steckt in den Gleichungen ein Prinzip, welches die Natur auch dann durchhält, wenn man mein Spielzeugmodell durch immer differenzierteren Ausbau zunehmend dem wirklichen Wetter annähert?«

Lorenz kam zu dem Ergebnis, daß sich die Sache nicht allein auf sein Spielzeugwetter beschränkt. Auch beim wirklichen Wetter gibt es so etwas wie eine »Sensitivität der Anfangsbedingungen«. Und heute weiß man: Es gibt sie überall. Zahllose Systeme – seien es Sternensysteme wie die Milchstraße oder der Andromeda-Nebel, sei es das Wetter oder das Klima, eine Tier- oder Pflanzenpopulation, sei es der Stoffwechsel im menschlichen Körper, das Verhalten einer Gruppe von Menschen, einer Branche der Wirtschaft oder der Börse – können höchst empfindlich auf kleinste Änderungen reagieren und entwickeln sich bei ähnlichen Anfangsbedingungen eben nicht in ähnlicher Weise, sondern höchst unterschiedlich.

Da das so ist, müßte man, um das Verhalten eines Systems vorhersagen zu können, die Anfangsbedingungen dieses Systems (dazu kommen wir später noch) mit fast unendlicher Genauigkeit messen. Das kann man aber nicht und wird man nie können, und so folgt daraus die prinzipielle Unvorhersagbarkeit der Entwicklung aller Systeme. Es folgt daraus, daß ein alter Traum, der Traum, mit dem der französische Physiker Laplace einst alle nachfolgenden Wissenschaftler-Generationen inspirierte, nun endgültig zu Grabe getragen werden muß. Und die Philosophen atmen auf, denn der Traum der Wissenschaftler geriet zum Alptraum der Philosophen.

Um diese größte der drei Sensationen, dem Sturz eines Weltbildes und der Erledigung eines philosopohischen Alptraums, geht es in den nächsten Kapiteln. Erst danach nähern wir uns wieder der eigentlichen Chaostheorie.

Der alte Wissenschaftlertraum

Von der Mitte des 18. bis zur Mitte des 19. Jahrhunderts herrschte eine der optimistischsten Perioden in Europa. Die Wurzel dieses Optimismus ruhte in den Erfolgen der noch jungen Wissenschaften. Mehr als anderthalb Jahrtausende lang fürchteten die Menschen die Pest als die Strafe Gottes. Plötzlich galt die Pest als bloße Folge mangelnder Hygiene. Seit Menschengedenken lehrte die stets allgegenwärtige Not die Menschen das Beten. Auf einmal lernten sie, daß

Vorsorge und Planung die menschliche Not effizienter bekämpfen als Gebete. Jahrhundertelang besprengten die Priester die Äcker der Bauern und Gutsherrn mit Weihwasser. Das brachte wechselnde Erträge. Seit aber die Bauern das Weihwasser mit Kunstdünger ergänzten, wuchs die Ernte von Jahr zu Jahr so zuverlässig, daß die Bauern eines Tages auf Weihwasser ganz verzichteten.

Damals, als die Wissenschaft mit bescheidenen Mitteln die erstaunlichsten Erfolge erzielte, entstand der Glaube an die Machbarkeit der Dinge und die Planbarkeit der Zukunft. Und es entstand der Glaube an eine von den Naturgesetzen determinierte Welt mit bereits feststehender Zukunft. Der französische Mathematiker Pierre Simon de Laplace (1749–1827) formulierte das neuzeitliche Programm: »Der momentane Zustand des Systems Natur ist offensichtlich eine Folge dessen, was er im vorherigen Moment war, und wenn wir uns eine Intelligenz vorstellen, die zu einem gegebenen Zeitpunkt alle Beziehungen zwischen den Teilen des Universums verarbeiten kann, so könnte sie Orte, Bewegungen und allgemeine Beziehungen zwischen all diesen Teilen für alle Zeitpunkte in Vergangenheit und Zukunft vorhersagen.«

Die Welt, so glaubte also Laplace, ist wie ein riesiges Uhrwerk. Zu Beginn einmal aufgezogen, läuft es nun nach den ihm eigenen Gesetzen unabänderlich ab, bis es eines Tages zum Stillstand kommt. Anfang und Ende der Welt sind durch eine ununterbrochene Folge kausal aufeinander folgender Ereignisse miteinander verbunden. Den Beweis seiner Behauptung, eine zutreffende Prognose des Verlaufs der Welt, konnte Laplace natürlich nicht liefern. Dies sei ihm jedoch nur deshalb unmöglich, weil er

- nicht wisse, ob der zeitgenössische Stand der Wissenschaft schon alle Gesetze entdeckt habe, die den Lauf der Welt bestimmen,
- und weil es ihm mit den zu seiner Zeit vorhandenen Mitteln noch nicht möglich sei, den Gesamt-Zustand der Welt zu einem gegebenen Zeitpunkt vollständig zu vermessen.

Prinzipiell aber, so meinte er, sei eine Prognose möglich, und er hielt es für wahrscheinlich, daß mit fortschreitender Erkenntnis irgendwann der Zeitpunkt komme, an dem alle Naturgesetze in eine einzige, alles umfassende Weltformel mündeten. In diese Weltformel müßte man dann nur die für eine bestimmte Gegenwart geltenden Zustandsgrößen einsetzen, und schon ließen sich daraus alle vergangenen und alle künftigen Zustände berechnen.

Weitere hundert Jahre später trieb ein anderer Franzose diesen mechanistischen Standpunkt auf die Spitze. Der Philosoph und Soziologe August Comte verkündete, irgendwann werde der stetig wachsende Erkenntnisprozeß auch das komplizierteste, am wenigsten überschaubare Gebiet, die letzte und am längsten verteidigte Festung der Theologie, einnehmen: die moralischen Phänomene, den Menschen selbst. Zuletzt werde es möglich sein, eine soziale Physik zu entwickeln, die nicht weniger exakt sein werde als die Physik der unbelebten Welt.

Die Philosophen erschauderten bei diesem Gedanken. Wo, so fragten sie, bleibt in solch einer determinierten Welt die Freiheit? Welchen Sinn sollte auf die Zukunft gerichtetes Handeln noch haben, wenn jetzt schon unabänderlich festgelegt ist, wie die Zukunft verlaufen wird? Generationen von Philosophen versuchten all ihren Scharfsinn aufzubieten, um zu beweisen, daß nicht sein konnte, was Laplace behauptete. Der Beweis gelang ihnen nie.

Statt dessen bekam der Determinismus einen heftigen Schlag von einer Seite, von der die Philosophen es am allerwenigsten erwarteten: von der Physik. Physiker wie Niels Bohr und Werner Heisenberg konnten im ersten Drittel unseres Jahrhunderts nachweisen, daß zumindest im Mikrokosmos der Atome die Spekulationen eines Laplace ihren Grund verloren haben. Dieser empfindliche Schlag brachte das Gebäude des Determinismus und mit ihm das ganze neuzeitliche Weltbild zwar noch nicht zum Einsturz, aber immerhin ins Wanken. Das Gebäude wankte bis hin zu jenem Tag, an dem Lorenz seine zwei Kurven verglich.

Wie der Determinismus Anfang des Jahrhunderts ins Wanken kam, und weshalb ihn der Lorenzsche Kurvenvergleich endgültig zum Einsturz brachte, davon handeln die beiden nächsten Kapitel.

Ausgeträumt!

Stellen wir uns vor: Auf dem Tisch liegt ein Stück reines Radium 226, ungefähr ein knappes viertel Pfund schwer. Es strahlt radioaktiv. Die Radioaktivität – Alpha-, Beta-, Gammastrahlen – kommt aus dem Innern der Atome. Im Innern der Atome sitzt der aus 226 Nukleonen bestehende Kern, er zerfällt, verwandelt sich unter Abgabe von Strahlung in eine andere chemische Substanz, die ebenfalls strahlend in noch eine andere Substanz zerfällt, und so geht es weiter, bis sich am Ende die Atome in Blei verwandelt haben, dessen Kern nur noch aus 206, 207 oder 208 Nukleonen besteht, je nachdem, ob das Ausgangsprodukt der Zerfallsreihe Uran 238, Thorium oder Uran 235 gewesen ist. Erst das Blei bleibt stabil, strahlt nichts mehr ab.

Jedes radioaktive Element hat seine eigene Zerfallszeit. Bis sich von dem viertel Pfund Radium die Hälfte in Blei verwandelt hat, vergehen mehr als anderthalb Jahrtausende. Uran 238 läßt sich dafür sogar ein paar Milliarden Jahre Zeit, Polonium 210 schafft es in 138 Tagen, Francium 223 in 22 Minuten.

Stellen wir uns nun weiter vor, wir könnten das Stück Radium mit einem Super-Röntgen-Mikroskop durchleuchten und es so vergrößern, daß die einzelnen Atome sichtbar werden, sowohl die an der Oberfläche, als auch die im Innern. Nun sähen wir: Da ist soeben unter Abgabe eines Lichtblitzes ein Atom zerfallen, weiter hinten, links unten und an der Mitte außen fast gleichzeitig ebenfalls. Und so ginge das nun immer weiter. Dauernd blitzte es irgendwo, kreuz und quer durch das Stück Radium zerfielen Atome, und so würden wir vermutlich irgendwann anfangen, das zu tun, was auch die Physiker im ersten Drittel unseres Jahrhunderts getan haben: nach einem System suchen, einer Ordnung, einem Gesetz. Warum ist dieses Atom gestern zerfallen, warum zerfällt gerade jenes, und warum wird das da erst morgen, im nächsten Jahr, in tausend oder in zehntausend Jahren zerfallen?

Der strahlende Viertelpfünder auf dem Tisch besteht aus rund 300 Trilliarden Radiumatomen. 150 Trilliarden davon werden also in den nächsten 1620 Jahren zerfallen, knapp drei Billionen in der nächsten Sekunde. Was veranlaßt die 3 Billionen Radium-Atome, gerade in dieser Sekunde zu zerfallen, worin besteht die gemeinsame Ursache?

Die schier unglaubliche Antwort lautet, daß es keine Antwort gibt. Die Atome in radioaktiven Elementen zerfallen ohne Ursache, zufällig, nach keinem erkennbaren Muster. Und der radioaktive Zerfall ist nur *ein* Beispiel für Wirkungen ohne Ursache. Im Mikrokosmos der Atome gibt es noch mehr davon, kommt es immer wieder zu Zuständen, die nicht auf vorhergehende zurückzuführen sind. Laplaces Prämisse Nummer eins – Anfang und Ende der Welt sind streng kausal miteinander verbunden – ist hinfällig. Es gibt nur noch eine statistische Kausalität: In soundsovielen Zeiteinheiten zerfallen soundsoviele Atome. Ob dieses oder jenes Atom im nächsten Moment zerfallen wird, läßt sich nicht vorhersagen.

Lange Zeit wollten die Physiker das nicht glauben. Es widersprach einfach zu eklatant der in Jahrhunderten gemachten Erfahrung der strengen Kausalität in der Natur. »Gott würfelt nicht«, donnerte Albert Einstein. Ganz gewiß werde es für den radioaktiven Zerfall eine Ursache geben, man müsse sie nur suchen.

Die Physiker suchten, und während sie – erfolglos – suchten, kam der nächste Hammer. Der junge Werner Heisenberg behauptete kühn, im Atom an eine für alle Zeiten unüberwindliche Erkenntnisgrenze gestoßen zu sein, eine Grenze, deren Überwindung auch durch weiteren technischen und wissenschaftlichen Fortschritt nicht möglich sein werde.

Die Entwicklung in der Physik gab Heisenberg recht. Seine Entdeckung machte als »Heisenbergsche Unschärferelation« Geschichte und besagt konkret: Die gleichzeitige Bestimmung von Ort und Impuls eines Elementarteilchens ist Physikern prinzipiell unmöglich. Sie können immer nur eine der beiden Größen wirklich genau messen. Je genauer sie die eine Größe messen, desto ungenauer fällt die Messung der anderen aus. Immer raffiniertere und immer ausgeklügeltere Experimentiervorrichtungen, ja sogar künftige wissenschaftliche Entdeckungen würden daran nichts ändern. Die Unmöglichkeit, beide Größen gleichzeitig zu messen, sei prinzipieller Natur. Ihre Ursache liege darin begründet, daß jede Messung in atomaren Größenordnungen ins Experiment eingreife, das Beobachtete also durch die Beobachtung verändert werde.

Das mag Laien nicht weiter tragisch erscheinen. Es handelt sich aber bei Ort und Impuls eines Teilchens um jene zwei Bestimmungsgrößen, die mindestens nötig sind, um Voraussagen über das künftige Verhalten eines Teilchens machen zu können. Und das bedeutet: Laplaces Prämisse Nummer zwei – besäße eine Art fortgeschrittener Intelligenz die Kenntnis aller Naturgesetze und mäße sie sämtliche, die Gegenwart definierenden Bestimmungsgrößen, so lägen Vergangenheit und Zukunft offen vor ihr – ist ebenfalls hinfällig.

Die Intelligenz, so fortgeschritten sie auch sein möge, würde selbst dann mit dem Vor- und Zurückrechnen scheitern, wenn sie tatsächlich im Besitz der Weltformel wäre. Zumindest im Atom würde dieser Intelligenz nämlich der Versuch mißlingen, Ort und Impuls eines Teilchens exakt zu bestimmen. Beides wäre aber unbedingt notwendig für die vollständige Messung eines Augenblickszustands, was nun mal die Voraussetzung für jegliche Prognose ist.

Die Physiker stießen während jener aufregenden Jahrzehnte nach der Jahrhundertwende noch auf weitere Ungereimtheiten. In der Summe zerstörten sie das neuzeitliche, das mechanistische Weltbild, das sich die Welt zusammengesetzt aus kleinsten Teilchen vorstellte, die sich nach den Newtonschen Gesetzen von Druck und Stoß durch Raum und Zeit bewegen und sich unabhängig von jeglichem Beobachter objektivieren lassen. Der Glaube an die Objektivierbarkeit und Kausalität aller beobachtbaren Phänomene war nicht mehr länger zu halten. Der Laplacesche Determinismus zerbrach.

Ein Hintertürchen allerdings hielten sich die Vertreter des neuzeitlich-mechanistischen Weltbildes noch offen: Was die moderne Physik da entdeckt habe, so argumentierten sie, gelte ja nur in jenem eingeschränkten Teil der Wirklichkeit, die wir Mikrokosmos nennen. Im Makrokosmos dagegen, also in unserem Alltag, gölten all die Gesetze noch, die Newton formulierte. Die Gegner des Mechanismus erwiderten zwar, daß der Makro- nicht unabhängig vom Mikrokosmos existieren könne, irgendwo müsse es eine Nahtstelle zwischen beiden geben, und dort würde der Mikrokosmos seine Ungereimtheiten an den Makrokosmos übergeben, aber beweisen konnten die Mechanismuskritiker das nicht.

Eine Zeitlang konnte deshalb heiß darüber gestritten werden, und während dieser Zeit blieb das mechanistische Hintertürchen offen. Der Mann, der auch diese Tür für immer zuschlug, war Edward Lorenz mit seinen zwei Kurven.

Was hat das Wetter, was die Sterne nicht haben?

Edward Lorenz hatte einen Computer. Er hatte ein System von Gleichungen, die ein Modell-Wetter darstellten. Er hatte eine Wetter-Kurve, die ihm der Computer präsentierte, nachdem dieser mit bestimmten Zahlen gefüttert und angewiesen wurde, sie gemäß des Gleichungssystems zu verarbeiten. Und Lorenz hatte eine zweite Kurve. Sie entstand aus einem zweiten Rechenvorgang, bei dem alle Zahlen des ersten Rechenvorgangs noch einmal eingegeben wurden. Eine einzige Zahl allerdings war nicht mehr ganz dieselbe, unterschied sich von der ersten ab der vierten Stelle hinterm Komma, also um weniger als um ein Promille.

Wegen des geringfügigen Unterschiedes hätte sich die zweite Kurve eigentlich nur geringfügig von der ersten unterscheiden müssen. Tat sie aber nicht. Ab einem gewissen Zeitpunkt verlief die zweite Kurve völlig anders als die erste. Diese Tatsache versetzte dem Determinismus, der Laplaceschen Spekulation und dem gesamten neuzeitlichen Weltbild endgültig den Todesstoß, denn jetzt befinden wir uns nicht mehr im Mikro-, sondern im Makrokosmos. Doch wir greifen vor. Fragen wir uns, bevor wir die weltanschaulichen Konsequenzen des Lorenzschen Kurvenvergleichs erörtern, zunächst: Was haben die beiden Kurven eigentlich für das Wetter zu bedeuten?

Lorenz wußte es damals, im Jahr 1956, sofort: Die Hoffnung, jemals einen exakten Wetterbericht über mehrere Wochen liefern zu können, müssen sich die Meteorologen abschminken. Niemals wird ihnen das gelingen. Eine Prognose über ein paar Tage mag ihnen gelegentlich glücken. Die Prognose für den nächsten Tag wird mit Hilfe leistungsfähigerer Computer, genauerer und häufigerer Messungen und verbesserter Wettermodelle vermutlich sogar immer besser treffen, aber niemals an 365 Tagen im Jahr. Stets wird es Wetterlagen geben, die nicht einmal eine Voraussage für die nächsten zwölf Stunden zulassen.

Warum ist das so? Die Meteorologen kennen genauestens die Handvoll Naturgesetze, die das Wetter machen. Es sind einfache Gesetze, und es sind wenige Größen, die in den zu Formeln geronnenen Gesetzen der Meteorologen stetig wiederkehren: der Luftdruck, die Luftfeuchtigkeit, die Temperatur, die Windgeschwindigkeit, die Windrichtung und die Zeit. Die Beziehungen, die zwischen diesen Größen bestehen, sind genauso bekannt wie die Beziehungen, die zwischen den Planeten und Sonnensystemen und deren Bahnen bestehen. Darum noch einmal schärfer gefragt: Warum können Astronomen die Bahnen der Planeten, Sonnen und Kometen auf Jahrtausende voraus- und zurückberechnen, und warum können Meteorologen die Richtung eines Tiefdruckgebiets oft nicht einmal für einen Tag voraussagen, obwohl doch für beide Bewegungen die gleichen, vollständig bekannten Grundgesetze gelten?

Die Antwort lautet: Es liegt allein an der Komplexität der Vorgänge in der Erdatmosphäre, die Wetterprognosen um so vieles schwieriger machen als die Berechnung von Planetenbahnen. Es sind mindestens drei Schwierigkeiten, mit denen sich Meteorologen täglich herumschlagen müssen. Erste Schwierigkeit: In ihren Formeln steht zwar ein Symbol für die Temperatur. Aber dieses Symbol steht für ganz viele, ganz verschiedene Temperaturen. Mitten über dem Meer herrscht eine andere Temperatur als über der Küste, und noch einmal eine andere mitten über dem Kontinent. Und wiederum anders ist sie in 1000 und 5000 Metern Höhe über Meer, Küste und Kontinent. Dasselbe gilt für den Luftdruck, die Luftfeuchtigkeit und die Windgeschwindigkeit. Und für jede einzelne Messung dieser Größen müssen die entsprechenden Formeln durchgehechelt werden.

Um sich ein einigermaßen brauchbares Bild zu machen von dem weltweiten Wetter, haben die Meteorologen die Atmosphäre um den gesamten Erdball mit einem dreidimensionalen Gitter von Meßpunkten versehen. Für das europäische Zentrum für Wetterforschung in Reading, England, messen 9000 Wetterstationen, 750 Wetterballons und 5 Wettersatelliten in regelmäßigen Zeitabständen an vier Millionen über die Erde verteilten Punkten alle für das Wetter relevante Größen.

Zweite Schwierigkeit: Keine dieser Größen bleibt über längere Zeit konstant. Fortlaufend ändern sie sich, beeinflussen sich, verstärken einander, stören einander. Warme Luft steigt auf, kühlt sich ab, die in ihr enthaltene Feuchtigkeit kondensiert, gibt Wärme ab, Wolken bilden sich, die Sonneneinstrahlung sinkt, eine kühle Brise weht, es regnet, die Wolken verschwinden, die Sonne scheint wieder, es wird wärmer, Wasser verdunstet, es wird kälter, die Sonne geht unter, neue Wolken ziehen auf und so geht es immer weiter. Darum genügt es nicht, einmal am Tag oder zwei- bis dreimal zu messen.

Dritte Schwierigkeit: Das dauernde Messen ist schon mühsam, aber aus den Meßergebnissen allein ergibt sich noch keine Prognose. Jetzt muß erst einmal der Computer mit diesen Ergebnissen gefüttert werden, und dann muß er rechnen. Wer sich die bisher genannten Schwierigkeiten vor Augen führt, der wird verstehen, warum die Meteorologen zu den größten Computerschockern auf Erden gehören. In der Vergangenheit gelang es ihnen mühelos, den jeweils fortgeschrittensten Supercomputer in kürzester Zeit an die Grenze seiner Leistungsfähigkeit zu bringen.

Inzwischen sind die Rechenleistungen der Supercomputer gewaltig angestiegen, aber für eine exakte Prognose reichen sie noch immer nicht aus. Genau in diesem Punk sahen die Meteorologen in der Vergangenheit die Ursache für ihre zahlreichen Fehlprognosen. »Haben wir erst einmal ausreichend leistungsfähige Computer, verfeinern wir darüber hinaus noch unsere Wettermodelle und verringern wir die räumlichen und zeitlichen Abstände unserer Messungen, dann«, so lautete noch bis vor kurzen die große Meteorologenhoffnung, »kommen wir auch irgendwann zur sicheren Wettervorhersage.«

Diese Hoffnung machte ihnen ihr Kollege Edward Lorenz mit seinem Computer-Oldtimer und seinen zwei Spielzeugwetterkurven für immer kaputt. Man muß, um das zu verstehen, nur einmal folgendes Gedankenexperiment anstellen. Die Meteorologen verkürzen die räumlichen und zeitlichen Abstände zwischen ihren Meßpunkten so sehr, daß zwischen zwei Sensoren jeweils nur noch 50 Zentimeter liegen. Ein gigantisches Gitter aus Trillionen von Sensoren, die den ganzen Erdball in der Nord-Süd- und der Ost-West-Richtung umspannen und sich viele hundert Kilometer nach oben bis in die höchste Atmosphärenschicht erstrecken, melden also kontinuierlich Luftdruck, Temperatur, Feuchtigkeit und Wind in Fünf-Minuten-Abständen absolut zeitgleich einem fast unbegrenzt leistungsfähigen Hypercomputer, der irgendwo in Europa die Trillarden Daten, die in ihn einströmen, in kürzester Zeit zu einer Prognose über das Wetter der nächsten fünf Minuten verarbeitet. Nach Ablauf der fünf Minuten vergleicht er die Prognose mit dem tatsächlichen Verlauf. Ergibt sich eine Differenz, so fließt diese als Korrektur in die nächste Fünf-Minuten-Berechnung ein, und in diesem Fünf-Minuten-Takt geht es immer weiter, 24 Stunden am Tag.

Sehen wir davon ab, daß dieser Aufwand in der Realität unbezahlbar wäre, sehen wir auch davon ab, daß es wahrscheinlich nie einen Computer geben wird, der Trilliariden von Daten in weniger als fünf Minuten verarbeiten kann, und sehen wir schließlich davon ab, daß dieser Computer die Daten niemals absolut zeitgleich bekäme, weil die Ergebnisse aus Australien und von den Fidschi-Inseln immer etwas länger dauerten, auch dann, wenn sie mit Lichtgeschwindigkeit kämen. Tun wir einfach so, als gäbe es diese Beschränkungen nicht. Die Schlußfolgerung, die wir ziehen müssen, ist trotzdem deprimierend: Auch unter diesen idealen Bedingungen wird unser Hypercomputer nicht in der Lage sein, eine verläßliche Wetterprognose für die nächsten vier Wochen zu geben.

Der Grund liegt zunächst in dem gewählten Gitternetz. Mit seinen 50-Zentimeter-Abständen ist es zwar ungeheuer viel feiner als das reale Netz der Meteorologen, das günstigstenfalls auf Abstände von 100 Kilometer kommt, aber auch das 50-Zentimeter-Netz ist für eine exakte Prognose nicht fein genug. Zwischen diesen Punkten herrschen nun einmal Temperatur- oder Luftdruckunterschiede, die das System nicht erfaßt. Diese Unterschiede mögen uns vernachlässigbar klein erscheinen, aber sie sind es nicht.

Lorenz hat es ja durchgerechnet: Ob der Unterschied nun ein Tausendstel, ein Millionstel oder nur ein Milliardstel war, auch die kleinste Differenz produzierte nach einiger Zeit die größten Wetterunterschiede. Nun könnte man das Gedankenexperiment auf die Spitze treiben und fordern, die Abstände der Meßpunkte auf Null zu verringern. Unendlich viele Sensoren – die lichtdurchlässig sein müssen, damit sie nicht den Himmel verdunkeln und eine neue Eiszeit auslösen – liefern unendlich viele Meßreihen an einen Supercomputer, der die unendliche Datenflut in endlicher Zeit bewältigt. Wären dann die Meteorologen endlich am Ziel? Wiederum nein, denn nun bedürfte es noch der Überwindung einer allerletzten Unmöglichkeit: Die Sensoren müßten auch unendlich genau messen. Erst dann wären die Meteorologen am Ziel.

Da aber unendliche Meßgenauigkeit wegen der Heisenbergschen Unschärferelation niemals zu realisieren sein wird, da die Abstände zwischen zwei Meßpunkten aus ökonomischen und praktischen Gründen niemals beliebig verkleinert werden können, und da es niemals einen grenzenlos leistungsfähigen Computer geben wird, muß leider gesagt werden: Die Meteorologen werden ihr Ziel niemals erreichen. Es wird immer eine Differenz geben zwischen dem tatsächlichen Wetter und dem, was die Sonden und Sensoren den Meteorologen melden. Und wegen dieser kleinen Differenz wird das wirkliche Wetter irgendwann völlig von dem abweichen, was der Computer für diesen Zeitpunkt vorausberechnet hat. Das Wetter ist prinzipiell unberechenbar.

Nicht das Wetter allein

Edward Lorenz hatte es gleich geahnt. Schon, als er seine beiden ungleichen Kurven zum ersten Mal in der Hand hielt, dachte er: Das kann anderen Physikern auch passieren. Die weitere Enwicklung gab ihm recht. Nicht nur fürs Wetter, einer kleinen Teildisziplin der Physik, gilt die prinzipielle Unvorhersagbarkeit, sondern für all jene komplexen Vorgänge in der ganzen Physik, welche die Physiker seit Newton links liegen gelassen haben, weil ihre nichtlinearen Differentialgleichungen und ihre ganze Rechenkunst nicht ausreichten, um diese Phänomene mathematisch in den Griff zu bekommen. Und solche Prozesse, in der Vergangenheit als »Ausnahmen« und »Zufälligkeiten« beiseite geschoben, sind zahlreicher, als manche Physiker zunächst wahrhaben wollten.

Wenn Eis schmilzt, Dampf kondensiert, oder wenn sich in einer Wolke Schneeflocken bilden, dann sind die Physiker mit ihrer Mathematik am Ende, desgleichen beim Übergang eines unmagnetischen Körpers in den magnetischen Zustand, beim Übergang von gewöhnlichem Licht in Laserlicht, beim Übergang eines Stromleiters in die Supraleitfähigkeit oder einer Flüssigkeit in die Superfluidität. Bei allen Phasenübergängen ist das so. Phasenübergänge sind auch Wirbel in strömendem Gas oder fließender Flüssigkeit. Fließt eine Flüssigkeit oder strömt ein Gas gleichmäßig darin, ist alles in Ordnung. In der Regel jedoch bilden Flüssigkeiten und Gase Turbulenzen und Wirbel, und diese sind wiederum mathematisch nicht in den Griff zu kriegen, sehr zum Leidwesen von Ingenieuren, die Flugzeuge, Autos oder Turbinen bauen. Dasselbe gilt für Verbrennungsvorgänge in Motoren oder Heizungssystemen.

In den letzten fünfzehn, zwanzig Jahren haben die Physiker fast täglich Vorgänge und Systeme entdeckt, die sich nicht an den »abendländischen Grundgedanken« – sich bei ähnlichen Anfangsbedingungen gefälligst auch ähnlich zu entwickeln – halten, sondern kleinste Unterschiede am Anfang zum Anlaß nehmen, sich im Lauf der Zeit fundamental anders zu verhalten. Inzwischen sind die Physiker sogar zur Einsicht gelangt, daß ihre geordneten Systeme, in denen sich alles auf Jahrtausende vor- und zurückrechnen läßt, wohl eher die Ausnahme und unberechenbare – »chaotische« – Systeme die Regel sind.

In jüngster Zeit breitet sich diese Erkenntnis auch in den anderen Wissenschaften aus, und prompt entdeckt man dort nun laufend chaotische Phänomene. Kein Wunder: Übergänge eines Systems von einem stabilen Zustand in einen chaotischen und die Rückkehr zu erneuter Stabilität sind auch die Regel in der Chemie, der Biologie, im menschlichen Körper, in tierischen Populationen, in menschlichen Gesellschaften und in der Wirtschaft. Und für alle diese Übergänge gilt, was Lorenz zuerst beim Wetter entdeckte: die empfindliche Abhängigkeit eines Systems von seinen Anfangsbedingungen und daraus – wegen der Unmöglichkeit unendlich genau zu messen – resultierend die Unmöglichkeit der Vorhersage. Lorenz' Prinzip ist universal. Herr Laplace ist damit auch für den Makrokosmos widerlegt, sein Programm auf der ganzen Linie gescheitert.

Das berechnete Chaos

Mathematikstunde

Der Flügelschlag eines Schmetterlings in New York kann einen Tornado über dem Pazifik auslösen, das Niesen eines Kapitäns einen Schneesturm. Der alte Meteorologenscherz ist seit Lorenz kein Scherz mehr, sondern die Pointe des von Lorenz entdeckten Prinzips von der »Sensitivität der Anfangsbedingungen«. Bisher wurde nur geschildert, daß es diese Sensitivität gibt.

Warum ein Schmetterlingsflügel oder eine Kapitänsnase zu solch gewaltigen Wirkungen imstande sein sollen ist jedoch noch völlig rätselhaft. Unklar ist auch, warum es zweierlei Systeme gibt: die empfindlichen, die auf Schmetterlingsflügel und Kapitänsnasen quasi hysterisch reagieren, und die anderen, die selbst den Ansturm stärkerer Bataillone gelassen hinnehmen. Noch undeutlicher dürfte sein, warum das eine mit Ordnung und das andere mit Chaos identifiziert wird. Und komisch mag es anmuten, daß sich die Wissenschaftler aller Disziplinen seit Beginn der Neuzeit bis heute nur mit der einen Sorte beschäftigt haben und die andere jetzt erst zu entdecken beginnen.

Um das zu verstehen, wird man nicht umhin können, sich jenen Formalismus ein bißchen näher anzusehen, der Lorenz' Spielzeugwetter repräsentiert, denn in Lorenz' Formeln muß der Teufel sitzen, der dafür sorgt, daß ähnliche Zahlen verrückt spielen und nach einer Reihe von Rechenschritten zu völlig unerwarteten Ergebnissen fühen. Was unterscheidet diese Formeln von den vielen anderen, mit denen bisher fast ausschließlich gerechnet wurde, mit denen das imposante Gebäude der Wissenschaft errichtet wurde und auf denen der Erfolg unserer technisch-wissenschaftlichen Zivilisation ruht?

Damit sind wir aber an einem Punkt, an dem es ohne ein bißchen Mathematik nicht mehr weitergeht. Es wurde ja zu Beginn schon gewarnt: Chaostheorie ist im Grunde eine Disziplin der Mathematik. Aber was diese Disziplin so interessant macht, ist die Tasache, daß die mathematischen Strukturen, um die es in dieser Disziplin geht, auf so viele Bereiche der Wirklichkeit in Natur und Gesellschaft passen.

Leserinnen und Leser, die angesichts einer mathematischen Formel in Ohnmacht zu fallen drohen, sollten sich vorher wenigstens noch sagen lassen, daß in den folgenden Kapiteln nicht viel mehr verlangt wird als die Beherrschung des Stoffs der vierten Grundschulklasse, ein bißchen Multiplikation und ein bißchen Subtraktion, und dies gemäß einiger einfacher Rechenvorschriften. Natürlich geht es auch ohne diese Mathematik-Kapitel. Wer sie einfach überblättert, wird trotzdem nicht den Anschluß verlieren und am Ende erahnen, um was es in der Chaosforschung eigentlich geht und warum Kapitänsnasen und Schmetterlingsflügel so eine große Rolle im Weltgeschehen spielen können. Wer es jedoch auf sich nimmt, das bißchen Mathematik mitzumachen, wird es nicht bloß erahnen, sondern wissen.

Humanistisch und geisteswissenschaftlich Gebildeten, die ihre schlechten Mathematiknoten und ihren kultivierten Affekt gegen die Naturwissenschaft traditionell als Ausweis erlesener Bildung betrachten, sei vor dem Überblättern noch gesagt, was sie verpassen: einen überraschend neuen Weg zur Lösung eines alten Dichter- und Denkerproblems. Philosophen und allen anderen wirklich Gebildeten wird in den folgenden Kapiteln gezeigt, wie man einer Lösung des ewigen Problems der Freiheit durch ein bißchen Multiplikation und Subtraktion erstaunlich nahe kommen kann. Als Lohnzuschlag winkt ein tieferes Verständnis des »abendländischen Grundgedankens«.

Warum gibt es Systeme, die sich an den »abendländischen Grundgedanken« halten und den Wissenschaftlern deren unvermeidliche Meßfehler verzeihen, und warum gibt es Systeme, die das nicht tun? Der Unterschied muß sich auf eine verschiedene Struktur der Systeme zurückführen lassen, und Strukturen sind letztlich immer mathematische Gebilde. Darum führt für ein wirklich tieferes Veständnis der Chaostheorie kein Weg an der Mathematik vorbei, und darum schlagen wir ihn jetzt ein. Wer ihn jetzt noch immer partout nicht mitgehen will, möge aussteigen und sich später wieder anschließen.

Wer ihn mitgeht, erinnere sich jetzt bitte ein wenig an seinen Mathematikunterricht. Irgendwann im Laufe der Schulzeit ist jeder einmal von seinem Mathematik-Lehrer mit dem Ansinnen überfallen worden, die Funktion

$$y = x^2$$

graphisch auf Millimeterpapier darzustellen. Man tat, was Generationen von Schülern vorher getan haben und Generationen später noch tun werden: ein Koordinatenkreuz zeichnen und eine Wertetabelle anlegen. Die Tabelle sah ungefähr so aus:

x	–8	–7	–6	–5	–4	–3	–2	–1	0	1	2	3	4	5	6	7	8
y	64	49	36	25	16	9	4	1	0	1	4	9	16	25	36	49	·64

Die Faulen unter den Mitschülern begannen vielleicht erst bei −6 und rechneten sich dann in Zweierschritten bis +6 vor, während die Streber bei −15 begannen und sich in 0,5er-Schritten von −15 über −14,5 nach +15 vorwärtskämpften. Die Mühe, bei −101 mit dem Rechnen zu beginnen und y auch mal für ganz krumme Werte wie 23,69758 zu berechnen, machten sich zu allen Zeiten immer nur Ausnahmeerscheinungen unter den Schülern. Wie auch immer man seine Wertetabelle anlegte, danach jedenfalls trugen Streber, Faule, Normale und Ausnahmeerscheinungen ihre Punkte aufs Papier, die Streber und Ausnahmen ein bißchen mehr, die Faulen und Normalen ein bißchen weniger, und verbanden die Punkte freihändig oder mit einem Kurvenlineal und erhielten diese Parabel:

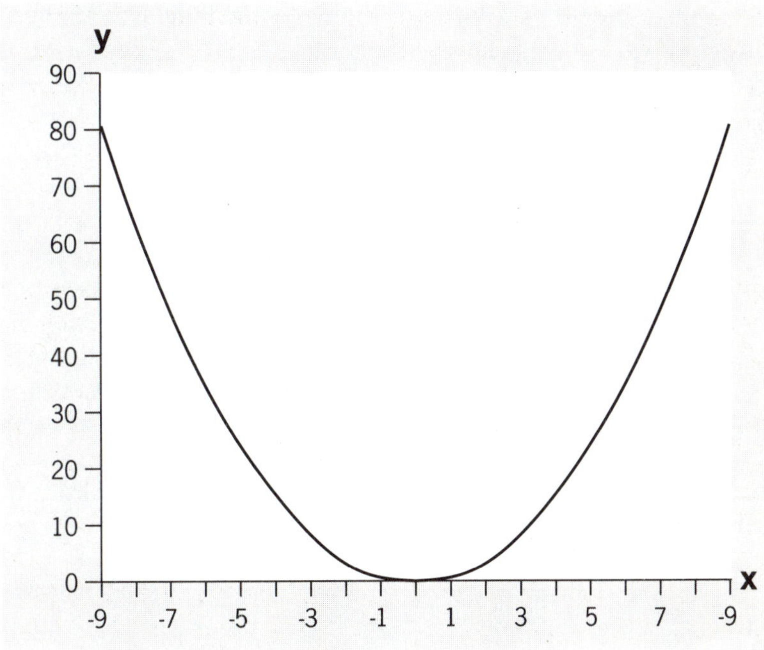

Abb. 1 Die Funktion $y = x^2$ ergibt eine Parabel

Hatte man das geschafft, drangsalierte einen der Lehrer mit der Forderung, nun auszuprobieren, was passiert, wenn x^2 mit 2, 3, 4, 0,5, 0,2 oder einfach a multipliziert wird. Danach war er immer noch nicht zufrieden und verlangte, zu ax^2 nun bx und auch noch c zu addieren. Ergeben malte der Schüler seine Punkte und sah, daß im Grunde nicht viel mehr passierte, als daß die Kurve mal steiler, mal weniger steil verlief und ein bißchen im Koordinatenkreuz hin- und hergeschoben wurde. Aber es blieb immer eine Parabel.

Froh, es geschafft zu haben, verschwendete kaum je ein Schüler einen Gedanken an zwei Fragen, die eigentlich hätten gestellt werden müssen. Die erste Frage lautet: Was gestattet mir, die errechneten Punkte so ohne Weiteres mit einer parabel-förmigen Linie zu verbinden? Immerhin liegen zwischen jedem ganzzahligen Punktepaar unendlich viele Dezimalzahlen. Hat je einer nachgerechnet, ob x-Werte wie 2,384958 oder −5,90877600199 wirklich auf jener Parabel liegen, die man einfach so hinzeichnet? Ist denn wirklich ausgeschlossen, daß irgendwo in der gigantischen Zahlenmenge das berühmte Teufelchen im Detail sitzt und unsere schöne Parabel hier ein bißchen ausbeult, da ein wenig eindellt und dort eine kleine Lücke läßt? Könnte es nicht sein, daß die Werte der quadratischen Funktion bei jeder 13 an der 1313. Stelle hinter dem Komma ein klein wenig von der vorgeschriebenen Parabel abweichen?

Die zweite Frage, die hätte gestellt werden müssen, lautet: Was macht uns eigentlich so sicher, daß die Kurve der Funktion $y = x^2$ bis in alle Ewigkeit parabelförmig verläuft? Hat je jemand nachgeschaut, ob unsere y-Werte im Trilliarden- oder Quintillionen-Bereich noch immer brav ihre Parabel ziehen? Vielleicht gibt es da ja ganze Tausender-Bänder, in denen die y-Werte etwas ganz anderes tun? Und selbst, wenn jemand mit sehr vielen Zahlen nachgerechnet hätte, daß sie es nicht tun: Die Beweiskraft wäre gering. Die Menge aller Zahlen ist unendlich. Nachrechnen für alle existierenden Zahlen ist etwas Unmögliches. Woher also wissen wir, daß die Punkte der Funktion $y = x^2$ für alle Werte von x auf einer Parabel liegen?

Der Lehrer, wäre er gefragt worden, hätte, wenn er dumm gewesen wäre, die Frager mit den Gegenfragen niedergebügelt, was die dummen Fragen sollen, und wieso sich die quadratische Funktion so verrückt benehmen und aus der Parabelform ausscheren sollte? Ein kluger Lehrer hätte die Klugheit der Frage erkannt, sich über das Interesse der Schüler gefreut, milde geschmunzelt, etwas von Beweisen erzählt und am Ende den Beweis vielleicht sogar erbracht. Die Schüler wiederum hätten es ihm auch so geglaubt, wollten sie es so genau doch gar nicht wissen und waren sie längst daran gewöhnt, daß sich die unanschaulichen Buchstabenfolgen der Algebra auf dem Papier auf wundersame Weise zu regelmäßigen Gebilden fügten wie Geraden, Parabeln, Hyperbeln, Sinuskurven, Kreisen, Ellipsen, Quadern, Kegeln und Kugeln. Und anschließend, im Physikunterricht, begegneten sie genau den gleichen Gebilden erneut, und wenn sie einen Lehrer hatten, der kein Fachmann, sondern auch ein wenig gebildet war, hat er ihnen vielleicht Galileis berühmtes Wort aus »Il Saggiatore« (1623) vorgelesen: »Die Philosophie steht in diesem sehr großen Buch, das ständig offen vor unseren Augen liegt (ich meine das Universum), geschrieben, aber sie kann nicht verstanden werden, wenn man nicht erst seine Sprache lernt und die Buchstaben kennt, mit denen es geschrieben ist. Es ist geschrieben in mathematischer Sprache, und die Buchstaben sind Dreiecke, Kreise und andere geometrische Figuren...« Und wenn der Lehrer schon einmal beim Zitieren war, hat er möglicherweise auch noch Werner Heisenberg zitiert, der einmal gesagt hatte: »Naturgesetze sind einfach. Naturgesetze sind schön.« – »Und ein bißchen langweilig«, werden die Schüler in Gedanken hinzugefügt und das Läuten der Schulglocke dankbar vernommen haben.

Dabei hätte alles soviel spannender sein können, wenn der Lehrer seine Schüler dazu angehalten hätte, das Verfahren an einem bestimmten Punkt ein klein wenig, aber entscheidend, zu ändern. Die Naturgesetze wären gleich schön geblieben, aber die Kreise und Dreiecke wären durch viel aufregendere Gestalten ergänzt worden, und der Lehrer hätte, Galilei korrigierend und erweiternd, gesagt: »Es ist wahr, das Buch des Universums ist in mathematischer Sprache geschrieben, aber die Buchstaben bestehen nicht nur aus Kreisen und Dreiecken, sondern in weit größerer Zahl aus Julia-Fraktalen und Cantorstäuben, Koch-Kurven und Sierpinski-Dreiecken, Bifurkationsbäumen und Mandelbrot-Mengen.«

Verstehen wird der Leser diese kryptische Äußerung erst viele Kapitel später, aber den Grundstein für das Verständnis wollen wir im nächsten Kapitel legen. Dort beginnen wir mit jener kleinen Verfahrensänderung, die, wenn sie im Mathematikunterricht vorgenommen worden wäre, die Schulzeit ein wenig interessanter hätte gestalten können.

Die logistische Gleichung

Biologen haben es schwer, schwerer jedenfalls als Physiker. Physiker sperren sich, wenn sie etwas untersuchen wollen, in ihr Labor ein, schließen die Fenster, löschen das Licht, stellen die Heizung auf eine konstante Temperatur und schalten alle Einflüsse systematisch aus, die sie bei der Beobachtung eines einzigen, genau definierten Phänomens stören könnten.

Biologen können das nicht. Sie sitzen im Freien, zählen die Füchse, die Mäuse, die Bussarde, die Getreidesäcke der Bauern und raten, wieviele Füchse, Mäuse, Katzen, Bussarde es wohl im nächsten und übernächsten Jahr geben wird. Im nächsten und übernächsten Jahr stellen sie fest, daß sie wieder falsch geraten haben und fragen sich, woran es lag. War's das naßkalte Wetter, das die Ausbreitung von Krankheiten begünstigte? Lag's an der Mißernte oder an der Seuche, welche fast die ganze Mäusepopulation dahinraffte? Laborbedingungen müßte man haben, dann könnte man alle Größen konstant halten und nur eine kontrolliert ändern und sehen, wie sich diese Änderungen auf die anderen Größen auswirken.

Im Lauf der Zeit gelang es den Biologen durch geduldiges Anhäufen von langjährig angelegten Beobachtungsreihen, wenigstens einige Zusammenhänge zu erahnen. Wovon, zum Beispiel, hängt die Anzahl der Mitglieder des Mäusevolks auf dem Hof des Bauern Hintermoser in Ampermoching ab? Nehmen wir an, wir schauen uns die Mäusepopulation auf dem Hof des Bauern Hintermoser im Jahre n an. Es war ein schlechtes Mäusejahr. Es war kalt, das Jahr verregnet, die Ernte knapp, aber weil die vorhergehenden Jahre so gut waren, gab es jetzt viele Mäuse. Aber auch viele Katzen schlichen herum. Das große Mäusevolk streitet sich also unter der Anwesenheit zahlreicher Katzen um das knappe Futter. Das Mäusevolk wird zwangsläufig schrumpfen.

Im darauffolgenden Jahr aber, dem Jahr n+1, scheint wieder fröhlich die Sonne, läßt warmer Regen das Korn gedeihen und rafft eine Seuche fast alle Katzen dahin. Weniger Mäuse teilen sich, kaum gestört von herumschleichenden Katzen, das üppige Angebot. Die Vermehrungsrate wird steil ansteigen. Auch das übernächste Jahr, n+2, ist gut, liefert eine Ernte so groß, daß sie für alle reicht, obwohl es viele sind. Und die Katzen haben sich von ihrer Seuche noch nicht erholt. Ideale Bedingungen für die Maus. Sie vermehrt sich drastisch. Im Jahre n+3 ist die Ernte zwar wieder genausogut wie im Vorjahr, und dennoch zu knapp für die vielen Mäuse. Und die Katzen sind auch wieder da. Die Mäuse werden weniger.

So kann man dieses Auf und Ab nun endlos weiterspinnen, und die Frage lautet: Kann man dieses Auf und Ab irgendwie in eine Formel bannen? Man kann. Der erste, der das schaffte, war der belgische Biologe Pierre François Verhulst. Im Jahr 1845 formulierte er die bis heute gültige logistische Gleichung

$$y_{n+1} = ay_n(1-y_n)$$

Dabei steht der Faktor a in der Gleichung für die Lebensbedingungen einer Population. Eine gute Ernte, wenig Mäuse und wenig Katzen führen zu einem hohen Wert für a. y_n steht für die Größe der Population im Jahre n, also in dem Jahr, in dem man sie zum ersten Mal beobachtet. Dieser Wert wird allerdings nicht in absoluten Zahlen angegeben, sondern, damit man eine Population besser mit anderen vergleichen kann, in einem Prozentsatz der maximal möglichen Population. Darum liegt dieser Wert immer zwischen eins und Null.

Und nun sieht man schon, wenn y_n, also die Anfangspopulation groß ist, dann wird das zweite Glied in der Gleichung, $(1-y_n)$, klein. Die beiden Glieder in der Gleichung arbeiten genau gegeneinander. So kommt es, daß die Bäume nicht in den Himmel wachsen. Dem Wachstum einer Population, die schon sehr groß ist, steht bald eine Korrektur bevor, weil das Futter allmählich knapp wird. Umgekehrt führt eine kleine Anfangspopulation, also ein kleiner Wert für y_n, zu einem großen Wert des Glieds $(1-y_n)$. Wenig Mäuse teilen sich ein großes Mahl, die Vermehrung steigt. Jetzt wird verhindert, daß die Population ausstirbt. Populationen können sich auf einen festen Wert einpendeln, sie können zwischen zwei oder mehreren Werten hin und her springen, und sie können regellos schwanken. Das alles wird in der Natur beobachtet, und das alles wird von der logistischen Gleichung gut abgedeckt.

Eines haben die Biologen in den 150 Jahren, seit sie damit rechnen, jedoch nicht entdeckt: den Sprengsatz, der in dieser Gleichung steckt. Aber sie können nichts dafür. Daß man's jetzt erst merkt, hat einen schlichten Grund, und der heißt Computer. Jeder, der sich wirklich einmal hingesetzt und probiert hat, mit dieser Gleichung ein paar Reihen für verschiedene Werte zu erhalten, hat erfahren, was für eine elende Rechnerei das ist. Es gibt Werte, die müssen hundert-, fünfhundert-, tausendmal iteriert werden, bevor man weiß, wohin die Reise geht. Kein Mensch hatte in der Vorcomputer-Ära die Zeit, geschweige denn die Lust, sich dieser Fron zu unterwerfen.

Wir allerdings, mit unseren Computern, können uns das antun. Im nächsten Kapitel tun wir's.

Ein Mauerblümchen wird berühmt

Eigentlich hätten wir uns schon längst die zwölf Gleichungen ansehen müssen, mit denen Edward Lorenz sein Spielzeugwetter berechnete, denn an diesen Gleichungen muß es ja liegen, daß Zahlen wegen geringfügigster Änderungen verrückt spielen und ein Ergebnis davon abhängig machen, ob an ihrer zwanzigsten Stelle hinterm Komma eine Sechs oder eine Sieben steht. Aber erstens sind zwölf einfach zu viel, und zweitens handelt es sich um Differentialgleichungen, und es wurde ja versprochen, daß es nur um Subtraktion und Multiplikation gehen sollte.

Zum Glück gibt es aber eine ganz einfache Gleichung, die nach dem selben Prinzip wie Lorenz' Zwölferpack funktioniert und jeden, der gewillt ist, ein bißchen zu multiplizieren und zu subtrahieren, mit ins Chaos nimmt. Die Gleichung, man ahnt es schon, sieht so aus:

$$y_{n+1} = ay_n(1-y_n)$$

Es ist die logistische Gleichung der Biologen, mit der diese in den letzten

150 Jahren ihre Mäuse, Käfer und Insekten errechnet haben. 150 Jahre lang führte diese Formel ein Schattendasein in der Biologie. Seitdem sie Chaosforscher für sich entdeckt haben, hat dieses Mauerblümchen gute Chancen, einmal ebenso berühmt zu werden, wie es die Einsteinsche Gleichung $E = mc^2$ ist, jene Gleichung, die zur Bombe und zum Atomkraftwerk führte.

Mit der logistischen Gleichung stehen wir nun wirklich im Vorhof der Chaostheorie. Sie wird uns in den nächsten Kapiteln ständig begleiten, und darum wollen wir sie jetzt erst einmal vereinfachen. Deshalb streichen wir die Ausdrücke n und n+1. Sie sind nicht unwesentlich, aber stürzen mathematisch Unerfahrene leicht in Verzweiflung. Später werden wir die Streichung wieder rückgängig machen. Aber jetzt setzen wir den Unerfahrenen zuliebe für $y_{n+1} = y$ und für $y_n = x$, dann bekommen wir eine wesentlich einfacher aussehende Gleichung der Form

$$y = ax(1-x)$$

Wir lösen die Klammer auf, erhalten

$$y = ax - ax^2$$

und sehen, worum es sich eigentlich handelt: um eine quadratische Funktion. Die kennen wir schon aus dem vorhergehenden Kapitel. Und darum wissen wir auch, daß die Geschichte wieder auf eine Parabel hinausläuft. Und vor allem sehen die Mathematikscheuen, daß es wirklich bei bloßer Multiplikation und Subtraktion bleibt.

Die Gleichung selbst erscheint uns langweilig, wie alle Parabeln, mit denen wir im Mathematikunterricht traktiert wurden. Sie ist ordentlich, sie ist stabil, zuverlässig und berechenbar. Ändern wir x, dann ändert sich y eben auch. Das ist alles. Es steckt keinerlei Überraschung in dieser Gleichung. Darum machen wir jetzt das, was wir damals an diesem Punkt in der Schule nicht gemacht haben. Wir lassen die Gleichung stehen, wie sie ist, aber ändern die Vorschrift, die uns sagt, wie wir zu unseren y-Werten kommen.

In der Schule haben wir, je nach Fleiß und Interesse, für x willkürlich irgendwo zwischen −20 und −6 begonnen, dann die Formel für den jeweils nächstgrößeren, meist ganzzahligen Wert durchgerechnet und bei +6 oder +20 aufgehört. So kamen wir zu unserer Wertetabelle.

Jetzt führen wir die entscheidende Änderung ein:

Nur beim ersten Rechendurchgang sollen wir frei sein in der Wahl unserer Werte für a und x. Beim zweiten jedoch setzen wir nicht, wie bisher praktiziert, den nächstgrößeren oder einen beliebig anderen Wert, sondern – und das ist jetzt das Entscheidende – das soeben errechnete Ergebnis ein, während wir a konstant halten. Daraus berechnen wir ein zweites Ergebnis, und dieses setzen wir wieder in die Gleichung ein, was uns ein drittes Ergebnis liefert und so fort. Wir wenden also das Ergebnis einer Rechenvorschrift immer wieder auf sich selber an und führen damit etwas ein, was in zahlreichen Systemen, besonders aber in biologischen, eine große Rolle spielt: die Rückkopplung.

Man nennt dieses Verfahren »iterieren«. Es hört sich komplizierter an als es ist, wie das nächste Kapitel gleich beweisen wird.

Auf ordentlichem Weg ins Chaos

Eigentlich ist der »abendländische Grundgedanke« doch sehr plausibel. Daß irgendein Staubkorn am anderen Ende der Milchstraße den Lauf einer Billardkugel hier auf Erden beeinflussen kann – wer mag das schon glauben? Es muß auch niemand glauben. Nur, nach wenigen Kapiteln wird es bewiesen sein, und führen werden wir diesen Beweis mit der harmlos anmutenden, seit langem bekannten logistischen Gleichung

$$y_{n+1} = ay_n(1-y_n)$$

Wir wissen inzwischen: Im Prinzip ist sie identisch mit der Funktion $y = ax-ax^2$. Aber eben nur im Prinzip. Die originale, die kompliziertere Form ist besser, weil sie mehr Information enthält. In ihr steckt nämlich der Hinweis, daß Zahlenreihen jetzt auf eine andere Weise ermittelt werden als bei der Funktion $y = ax-ax^2$.

Dennoch bleibt auch das Original, der Ausdruck

$$y_{n+1} = ay_n(1-y_n)$$

eine simple Rechenanweisung: Multipliziere drei Zahlen miteinander. Die erste Zahl ist a, die zweite ist y_n und die dritte errechne nach der Nebenanweisung $(1-y_n)$. Subtrahiere also die zweite Zahl von 1. Diese Differenz multipliziere mit a und y_n.

Wäre das die ganze Anweisung, wären die Größen n und n+1 in der Gleichung überflüssig und man könnte schreiben $y = ay(1-y)$. Die Größen n und n+1 enthalten aber den wesentlichen Teil der Vorschrift. Dieser Teil der Vorschrift verlangt, die Anweisung $y = ay(1-y)$ wiederholt auf sich selbst anzuwenden, und zwar (n+1)-mal.

Die Größen n und n+1 sind es, welche die häufig in Natur und Gesellschaft vorkommende Rückkopplung ins Spiel bringen mit der Aufforderung, jedes frisch errechnete Ergebnis gleich wieder als Ausgangswert von y_n für die nächste Berechnung zu übernehmen. Die Größe steht hier für die Reihe der natürlichen, also der positiven ganzen Zahlen 1, 2, 3, 4, 5 und so weiter. Ob man die Null mit einschließt oder nicht, ändert die Sache nicht grundsätzlich. Wählte man zum Beispiel für n den Wert 5, so lautete die Anweisung: Wende die Rechenvorschrift $y_{n+1} = ay_n(1-y_n)$ fünfmal auf sich selber an. Beginnt man bei Null, dann sähe die Reihe der Rechenvorschriften so aus:

$$y_1 = ay_0(1-y_0)$$
$$y_2 = ay_1(1-y_1)$$
$$y_3 = ay_2(1-y_2)$$
$$y_4 = ay_3(1-y_3)$$
$$y_5 = ay_4(1-y_4)$$

Und diese Reihe wollen wir uns jetzt näher ansehen. Diese Reihe wird uns die Reise in das Land des Chaos ermöglichen. Wir setzen jetzt einfach »richtige« Zahlen in die erste Gleichung ein und lassen uns von dem, was dabei herauskommt, ins Chaos treiben. Mit bloßer Multiplikation und Subtraktion, mit diesen zwei Grundrechenarten, werden wir das Chaos erkunden, Laplace widerlegen, den Schmetterlings- und Kapitänsnasen-Effekt erklären, die Philosophen beruhigen und das neuzeitliche Weltbild endgültig erledigen.

Zu Beginn sind wir frei in der Wahl der Werte für die Größen a und y_0. Prinzipiell steht uns dafür das ganze Reich der Zahlen zur Verfügung, negative, positive, ganze, gebrochene, rationale, irrationale, reelle und imaginäre Zahlen könnten wir verwenden. Da es aber nicht sehr sinnvoll wäre, dieses Buch mit einer Unzahl von Iterationen der Gleichung $y_{n+1} = ay_n(1-y_n)$ zu füllen, wollen wir uns für y_0 auf Werte zwischen Null und eins beschränken.

Wen diese Nebenbedingung mißtrauisch macht, der mag die Geschichte auch für Werte, die kleiner als Null und größer als eins sind, durchrechnen. Es wird ihm außer öder Rechnerei nicht viel bringen. Das interessante Verhalten, auf das es uns ankommt, zeigt die Formel nur, wenn y_0 zwischen Null und eins liegt. Und auch das Durchrechnen der Formel mit vielen verschiedenen Werten von a lohnt nur innerhalb eines ganz bestimmten, eng umgrenzten Bereichs. Das müssen die Faulen nun einfach glauben. Den Fleißigen ist es unbenommen, die Behauptung nachzurechnen. Der Autor jedenfalls setzt jetzt einfach einmal diktatorisch fest: a sei 2, y_0 sei 0,3. Dann lautet die Rechenaufgabe

$$y_1 = a \cdot y_0 \cdot (1-y_0)$$
$$y_1 = 2 \cdot 0{,}3 \cdot (1-0{,}3) = 0{,}6 \cdot 0{,}7 = 0{,}42$$

$y_1 = 0{,}42$ ist also unser erstes Ergebnis. 0,42 ist der y-Wert der ersten Iteration. Mit dieser Zahl gehen wir wieder in die Gleichung und errechnen den nächsten Wert, y_2.

$$y_2 = 2 \cdot 0{,}42 \cdot (1-0{,}42) = 0{,}84 \cdot 0{,}58 = 0{,}4872$$

Und so geht das nun weiter. Der zweite Wert wird in die dritte Rechnung eingesetzt.

$$y_3 = ay_2(1-y_2) = 2 \cdot 0{,}4872 \cdot (1-0{,}4872) = 0{,}9744 \cdot 0{,}5128 = 0{,}49967232$$
$$y_4 = ay_3(1-y_3) = 2 \cdot 0{,}49967232 \cdot (1-0{,}49967232) = 0{,}49999979$$
$$y_5 = ay_4(1-y_4) = \ldots\ldots = 0{,}5$$
$$y_6 = ay_5(1-y_5) = \ldots\ldots = 0{,}5$$

Bei der fünften Iteration ist also schon Schluß. Das Rechnen würde vielleicht noch ein bißchen länger dauern mit mehr Dezimalstellen, aber am Trend der Reihe würde sich nichts ändern. Die Iteration nimmt einen stabilen Wert von 0,5 an. Zeichnet man den Verlauf der Werte von y als Kurve, dann sieht das so aus:

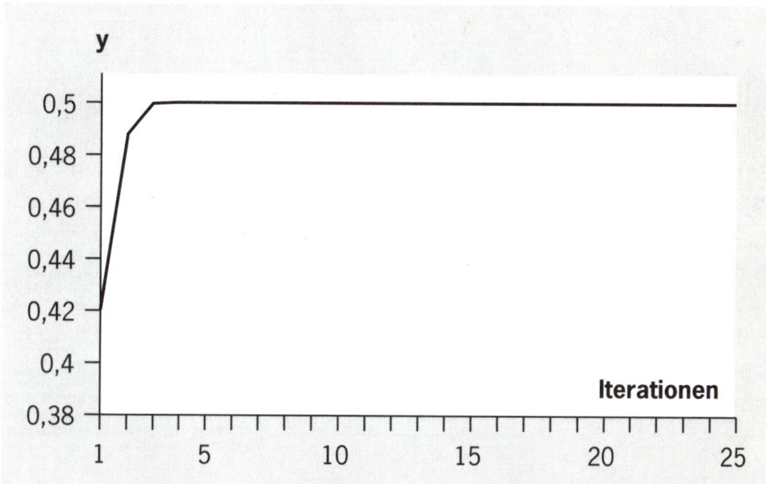

Abb. 2 Iteration der Gleichung $y_{n+1} = ay_n (1-y_n)$ für a = 2,0; $y_0 = 0,3$

Eine wenig spektakuläre Kurve, langweiliger als alle Parabeln. Schon ab der fünften Iteration kommt nichts Neues mehr. Aber so schnell geht's nicht immer, und es wird auch keinesfalls so langweilig weitergehen, wenngleich die nächste Rechnung das noch nicht erahnen läßt. Wir erhöhen jetzt den Faktor a um 0,2, starten also eine neue

Tab. 1 Iteration der Gleichung $y_{n+1} = ay_n\,(1-y_n)$ für a = 2,2; $y_0 = 0,3$

n	a	y_n	a^*y_n	$1-y_n$	y_{n+1}
1	2,2	0,3	0,66	0,7	0,462
2	2,2	0,462	1,0164	0,538	0,5468232
3	2,2	0,5468232	1,20301104	0,4531768	0,545176693
4	2,2	0,545176693	1,199388726	0,454823307	0,545509946
5	2,2	0,545509946	1,200121881	0,454490054	0,545443459
6	2,2	0,545443459	1,199975609	0,454556541	0,545456763
7	2,2	0,545456763	1,200004878	0,454543237	0,545454102
8	2,2	0,545454102	1,199999024	0,454545898	0,545454634
9	2,2	0,545454634	1,200000195	0,454545366	0,545454528
10	2,2	0,545454528	1,199999961	0,454545472	0,545454549
11	2,2	0,545454549	1,200000008	0,454545451	0,545454545
12	2,2	0,545454545	1,199999998	0,454545455	0,545454546
13	2,2	0,545454546	1,2	0,454545454	0,545454545
14	2,2	0,545454545	1,2	0,454545455	0,545454545

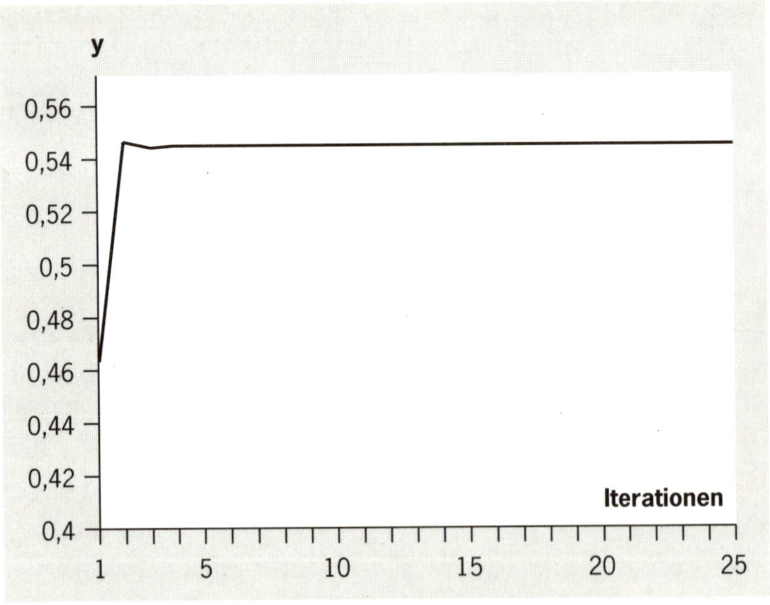

Abb. 3 Iteration der Gleichung $y_{n+1} = ay_n\,(1-y_n)$ für **a = 2,2**; $y_0 = 0,3$

Iterationsreihe, diesmal mit dem Faktor a = 2,2, und bekommen die links stehenden Ergebnisse.

Wiederum nichts Aufregendes bei der Kurve. Sie schießt steil in die Höhe, sackt dann ein kleines bißchen ab und stabilisiert sich sogleich beim Wert 0,545454... Lediglich die Zahl der nötigen Iterationen hat sich auf 13 erhöht. In dieser Art geht die Geschichte auch weiter, wenn man a schrittweise erhöht und y_0 unverändert bei 0,3 läßt. Die Kurve wird ein bißchen interessanter, die Rechenarbeit nimmt dafür unverhältnismäßig zu.

Auf den folgenden Seiten sehen Sie, wie sich die Kurve entwikkelt, wenn man a um jeweils 0,2 erhöht:

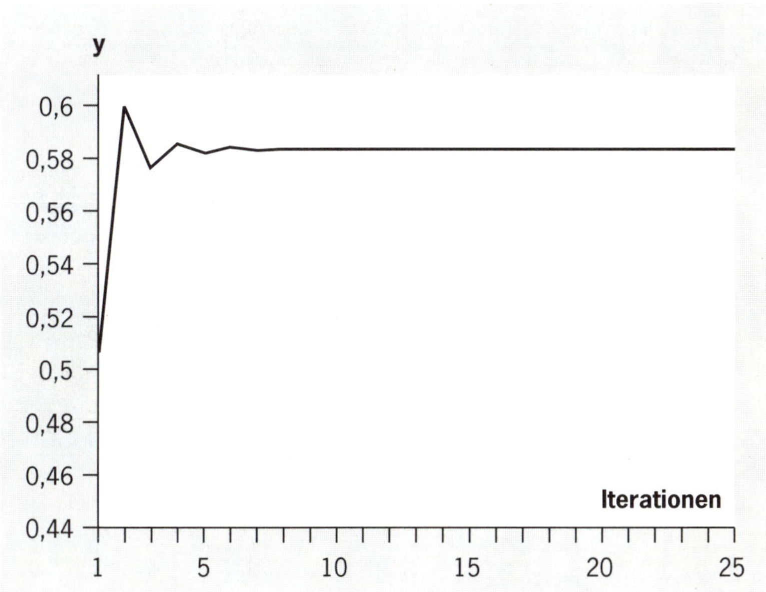

Abb. 4 Iteration der Gleichung $y_{n+1} = ay_n (1-y_n)$ für **a = 2,4**; $y_0 = 0,3$

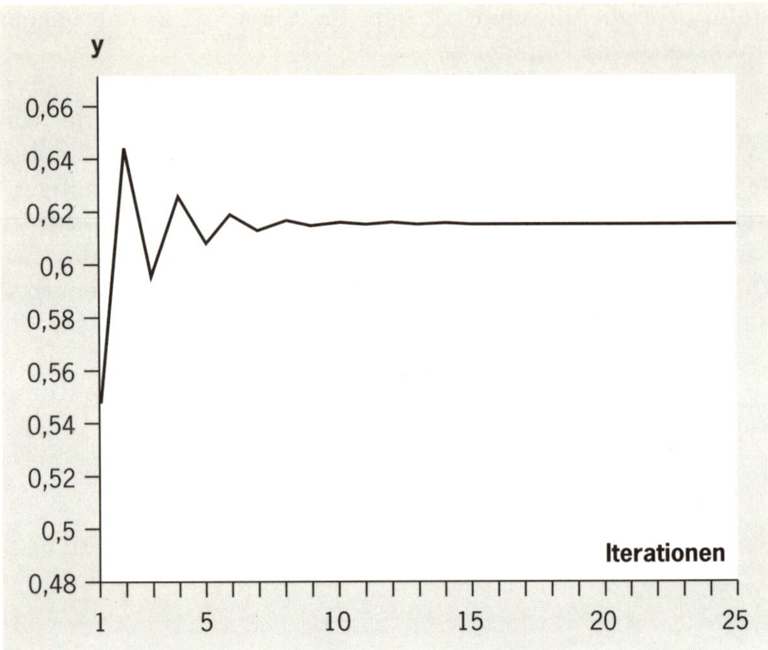

Abb. 5 Iteration der Gleichung $y_{n+1} = ay_n (1-y_n)$ für **a = 2,6**; $y_0 = 0,3$

Allmählich zeigt sich der Trend. Mit weiter steigendem a schwankt die Kurve anfangs um verschiedene Werte, und pendelt sich im weiteren Verlauf auf einen festen Wert ein. Das Einpendeln dauert um so länger, die nötige Zahl der Iterationen wird um so größer, je größer a wird. Die Kontrolle der Ergebnisse auf Richtigkeit sollte sich jetzt nur noch leisten, wer über einen Computer und Programmierkenntnisse oder eine Tabellenkalkulation verfügt. Alle Zahlenreihen

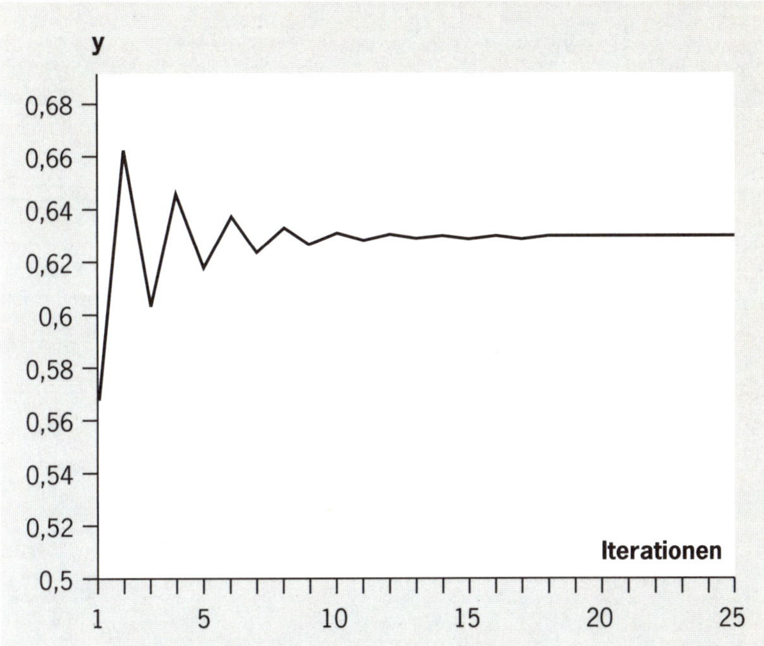

Abb. 6 Iteration der Gleichung $y_{n+1} = ay_n (1-y_n)$ für **a = 2,7**; $y_0 = 0,3$

und Diagramme dieses Buches wurden mit der Tabellenkalkulation Excel von Microsoft berechnet, und dieses Programm rechnet nur auf 15 Stellen genau. Ab der 16. Stelle schleichen sich also Fehler ein. Die nächsten Kurven bestätigen den Trend. Mit wachsendem a erhöht sich die Zahl der Ausschläge nach oben und unten. Für a = 2,7 sieht das aus wie in Abbildung 6 dargestellt.

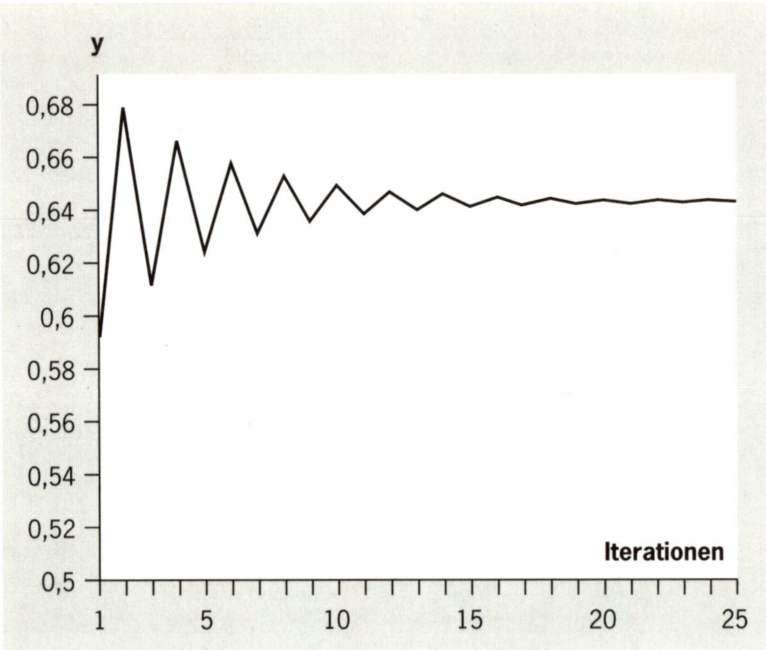

Abb. 7 Iteration der Gleichung $y_{n+1} = ay_n (1-y_n)$ für **a = 2,8**; $y_0 = 0,3$

Das ist die Kurve für a = 2,8.

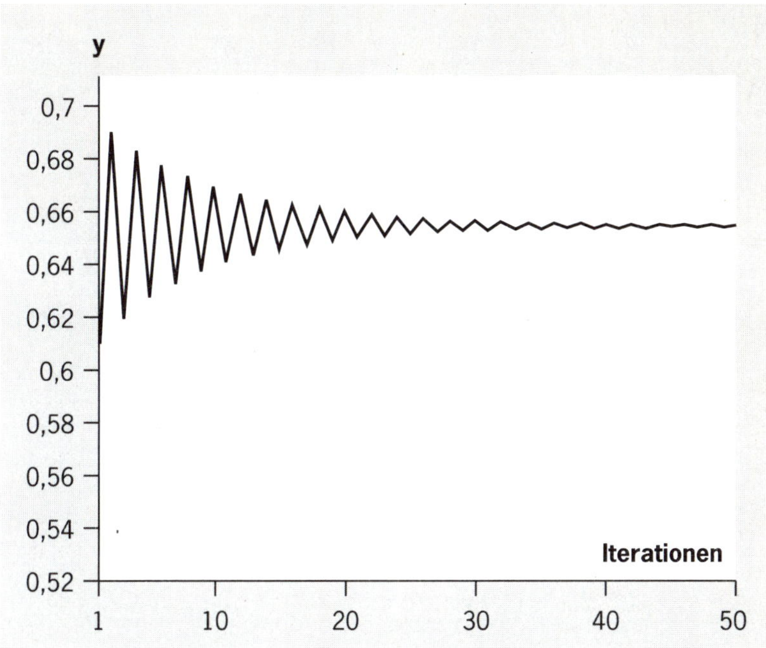

Abb. 8 Iteration der Gleichung $y_{n+1} = ay_n (1-y_n)$ für **a = 2,9**; $y_0 = 0,3$

Und so pendelt sich die Kurve bei a = 2,9 ein.

Man muß also immer länger iterieren, um zu sehen, bei welchen Werten sich die logistische Gleichung einpendelt. In der folgenden Tabelle sind die Werte von y_{n+1} abzulesen, die sich zwischen der 160. und 180. Iteration ergeben.

Tab. 2 Entwicklung von $y_{n+1} = ay_n (1 - y_n)$ zwischen der 160. und 180. Iteration

n	a	y_n	a^*y_n	$1-y_n$	y_{n+1}
160	2,9	0,655172412	1,89999999	0,34482759	0,655172416
161	2,9	0,655172416	1,90000001	0,34482758	0,655172412
162	2,9	0,655172412	1,89999999	0,34482759	0,655172415
163	2,9	0,655172415	1,9	0,34482758	0,655172412
164	2,9	0,655172412	1,9	0,34482759	0,655172415
165	2,9	0,655172415	1,9	0,34482758	0,655172413
166	2,9	0,655172413	1,9	0,34482759	0,655172415
167	2,9	0,655172415	1,9	0,34482759	0,655172413
168	2,9	0,655172413	1,9	0,34482759	0,655172415
169	2,9	0,655172415	1,9	0,34482759	0,655172413
170	2,9	0,655172413	1,9	0,34482759	0,655172415
171	2,9	0,655172415	1,9	0,34482759	0,655172413
172	2,9	0,655172413	1,9	0,34482759	0,655172414
173	2,9	0,655172414	1,9	0,34482759	0,655172413
174	2,9	0,655172413	1,9	0,34482759	0,655172414
175	2,9	0,655172414	1,9	0,34482759	0,655172413
176	2,9	0,655172413	1,9	0,34482759	0,655172414
177	2,9	0,655172414	1,9	0,34482759	0,655172413
178	2,9	0,655172413	1,9	0,34482759	0,655172414
179	2,9	0,655172414	1,9	0,34482759	0,655172414
180	2,9	0,655172414	1,9	0,34482759	0,655172414

Man erkennt, daß selbst nach einer so hohen Zahl von Iterationen an der neunten Stelle hinter dem Komma noch nicht entschieden ist, wohin die Kurve läuft. Erst ab der 179. Iteration steht die neunte Stelle fest. Würde man auf zehn, zwölf oder 15 Stellen genau rechnen, käme man natürlich mit 180 Iterationen nicht aus, müßte man noch länger rechnen.

Deshalb stellt sich die Frage: Muß man wirklich immer noch weiter und weiter rechnen, um an die jeweilige Grenze zu kommen, oder läßt sich der erkannte Trend so präzisieren, daß die Grenze nach einem einfacheren Verfahren berechenbar wird?

Wenn man das könnte, dann wären wir vom Chaos offenbar noch weit entfernt, denn Berechenbarkeit, Vorhersagbarkeit ist das Kriterium von Ordnung. Wie also steht es damit?

Wir haben die Gleichung $y_{n+1} = ay_n(1-y_n)$ bisher für sieben Werte von a iteriert, nämlich für a = 2, 2,2, 2,4, 2,6, 2,7, 2,8 und 2,9. Stellen wir diesen Zahlen die zugehörigen Endwerte gegenüber, dann läßt sich tatsächlich eine Gesetzmäßigkeit erkennen. Der Endwert z, auf den sich die Kurve einpendelt, kann offenbar so errechnet werden:

$$z = 1 - \frac{1}{a}$$

Die Tabelle beweist, daß die Formel stimmt:

Tab. 3

a	1/a	1-1/a
2	0,5	0,5
2,2	0,454545455	0,545454545
2,4	0,416666667	0,583333333
2,6	0,384615385	0,615384615
2,7	0,37037037	0,62962963
2,8	0,357142857	0,642857143
2,9	0,344827586	0,655172414

Erhöhen wir jetzt im nächsten Schritt a nochmals um 0,1, dann sind wir bei a=3. Wo müßte sich also nach dem soeben gefundenen Zusammenhang die Kurve einpendeln?

$$1-1/3, \text{ also ungefähr } 1-0{,}333 = 0{,}667.$$

Was die Kurve wirklich tut, zeigt Abbildung 9.

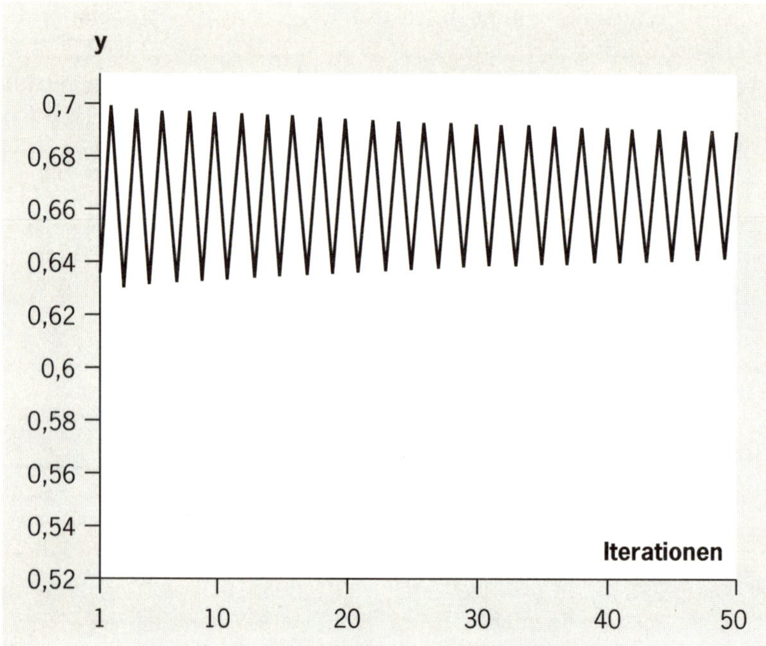

Abb. 9 Iteration der Gleichung $y_{n+1} = ay_n (1\text{-}y_n)$ für **a = 3,0**; $y_0 = 0{,}3$

Damit beschert uns die Gleichung $y_{n+1} = ay_n(1-y_n)$ die erste Überraschung. Bei a=3 pendelt zwar die Kurve um den errechneten Wert von 0,667, allerdings hört sie damit nie mehr auf. Auch nach der 500. und der 1000. Iteration nähert sich die Kurve an keiner Stelle dem errechneten Wert an, sondern springt immer noch über und unter die Linie. Dieses Springen zwischen zwei Werten hält die Gleichung für weiter steigende Werte von a eine Weile durch, allerdings nicht sehr lange. Ab a = 3,5 verdoppelt sich die Periode. Jetzt springt die Kurve zwischen vier verschiedenen Werten (siehe Abbildung 10).

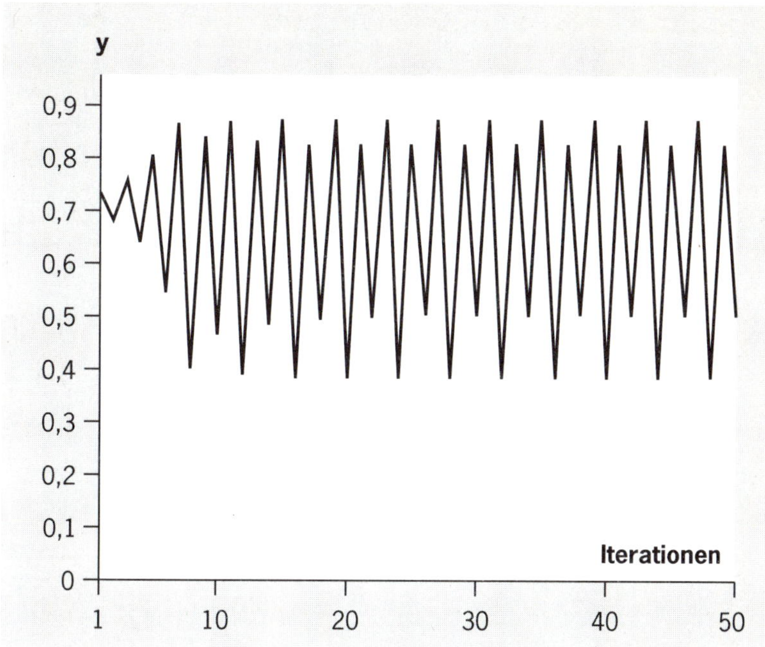

Abb. 10 Iteration der Gleichung $y_{n+1} = ay_n (1-y_n)$ für **a = 3,5**; $y_0 = 0,3$

Hätten wir die Berechnungen etwas verfeinert, so hätten wir gesehen, daß die Periodenverdoppelung schon etwas früher einsetzt als bei 3,5, nämlich bei 3,4495. Offensichtlich befinden wir uns schon in einem Bereich, der zunehmend empfindlicher reagiert auf die Änderungen von a, so daß es ratsam erschiene, die nächsten Schritte in kleinerem Maßstab zu erhöhen. Täten wir das, erhöhten wir a statt um 0,1 jetzt um 0,01, so käme uns das Verhalten der Gleichung über längere Zeit wieder stabil vor. Die Kurve schwankte einfach weiter zwischen vier verschiedenen Punkten hin und her. Irgendwann erreichten wir auf diese Weise für a den Wert 3,56. Jetzt würde sich die Viererperiode

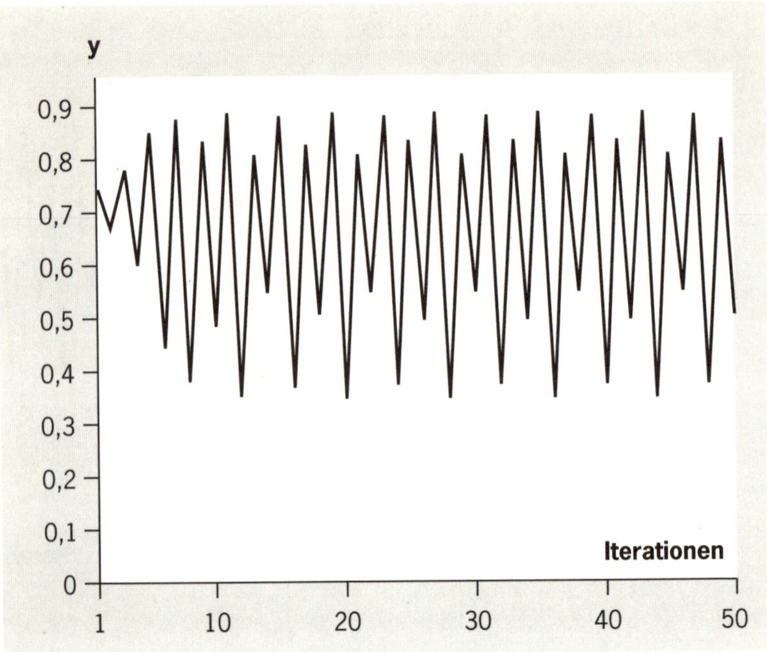

Abb. 11 Iteration der Gleichung $y_{n+1} = ay_n (1-y_n)$ für **a = 3,56**; $y_0 = 0,3$

noch einmal verdoppeln, das heißt, es wären schon acht Werte, zwischen denen die Kurve springt. Abbildung 11 zeigt es.

Eine weitere Erhöhung um nur noch neun Tausendstel auf 3,569 führt zu erneuter Verdoppelung der Periode auf 16 Werte. Es bildet sich also wieder ein Trend. Fragt sich nur, wo er aufhört, denn so viel ist klar: Wenn von Verdoppelung zu Verdoppelung die Abstände immer kürzer werden, dann muß irgendwo Schluß sein damit.

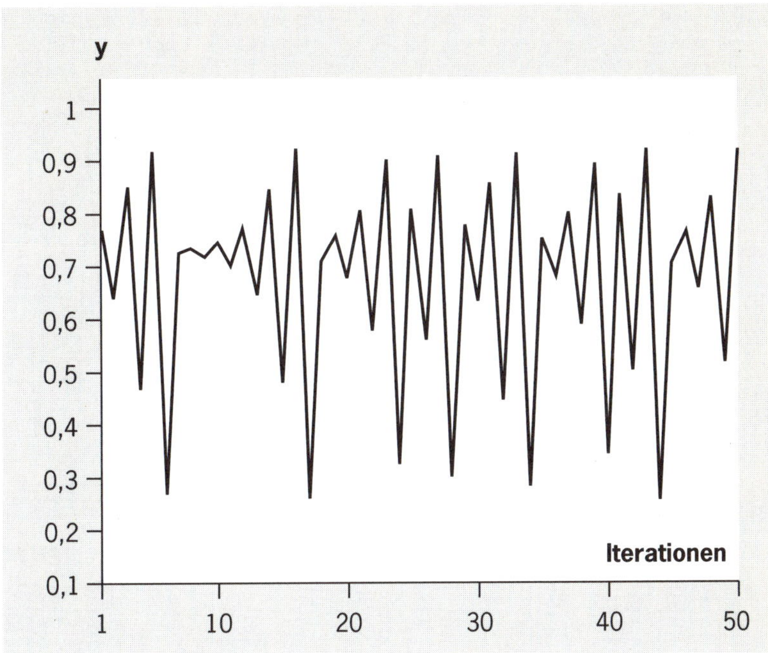

Abb. 12 Iteration der Gleichung $y_{n+1} = ay_n\,(1\text{-}y_n)$ für **a = 3,7**; $y_0 = 0{,}3$

Und was kommt dann? Erhöhen wir einfach auf 3,7, und sehen wir, was die Kurve macht (Abbildung 12). – Wir sind am Ziel. Wir sind im Chaos.

Die Kurve schwankt jetzt regellos. Es ist kein Trend mehr zu erkennen. Die Voraussage, wo wohl ein Punkt nach der 200., 315. oder 1001. Iteration liegen wird, ist unmöglich. Wer das wissen will, muß eben 200-, 315- oder 1001mal iterieren. Die Regellosigkeit verschwindet

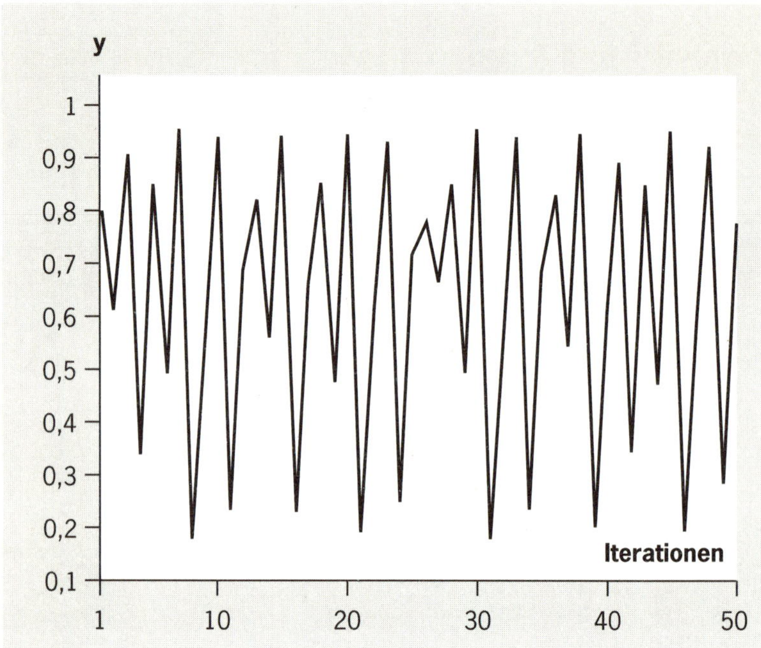

Abb. 13 Iteration der Gleichung $y_{n+1} = ay_n (1-y_n)$ für **a = 3,8**; $y_0 = 0,3$

jetzt offenbar auch nicht mehr. Setzen wir a=3,8 und dann a = 3,88, erhalten wir einfach nur andere Regellosigkeiten (Abbildung 13).

Wir sind also tatsächlich mit bloßer Multiplikation und Subtraktion von ein paar Zahlen im Chaos gelandet. Es wäre jetzt nicht verwunderlich, wenn sich die Leserinnen und Leser nach Lektüre dieses Kapitels in zwei Lager spalteten: In die Enttäuschten und in die Aufgeregten. Aufgeregt ist wahrscheinlich nur die kleinere der beiden Gruppen, die der mathematisch Geschulten. Diese Gruppe dürfte fasziniert sein von der bloßen Tatsache, daß eine ganz einfache Rechenvorschrift auf geordnetem Weg in ein Chaos regellos schwankender Zahlen führt.

Die anderen werden sagen: »Und das soll jetzt etwas mit Chaosforschung zu tun haben? Diese alberne Zahlenspielerei, die sich im Erzeugen regellos schwankender Rechenergebnisse erschöpft, soll

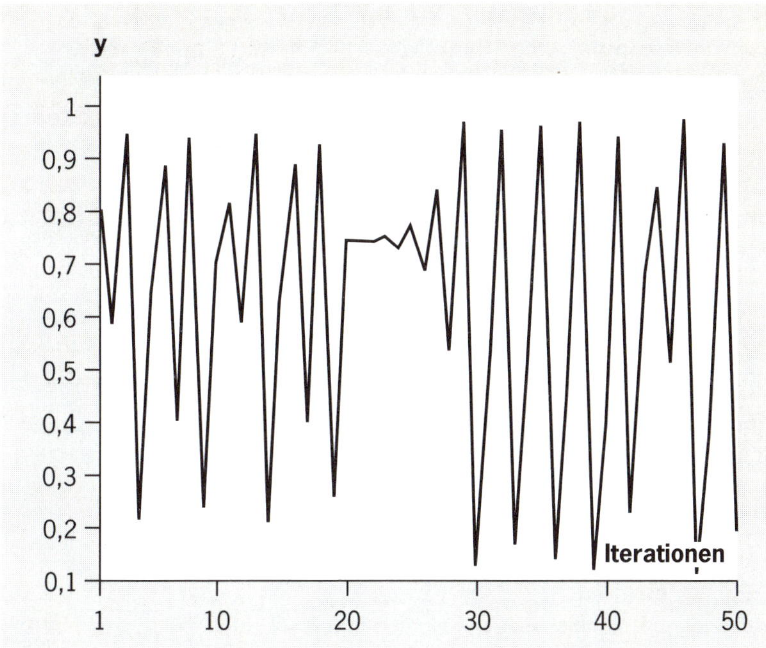

Abb. 14 Iteration der Gleichung $y_{n+1} = ay_n (1-y_n)$ für **a = 3,88**; $y_0 = 0,3$

tatsächlich Wissenschaftler aller Disziplinen in helle Aufregung versetzt haben? Wir dachten, in der Chaosforschung ginge es um »richtiges Chaos«, um Liebe, um Haß, Krieg, Leidenschaft, Politik oder wenigstens um die Börse. War nicht im ersten Kapitel von diesen Dingen die Rede?«

Wir kommen noch auf diese Dinge, wir werden schon noch zeigen, warum diese Kurven wirklich etwas sehr Aufregendes darstellen. Aber zunächst sei daran erinnert, daß es ja vorerst nur darum ging, in Gedanken nachzuvollziehen, wieso Schmetterlinge oder Kapitänsnasen in der Lage sein sollen, Unwetterkatastrophen auszulösen. Und nebenbei ging es auch ein bißchen darum, einen alten Wissenschaftlertraum und einen abendländischen Grundgedanken zu den Akten zu legen und die Philosophen zu erlösen. All das haben wir jetzt im Prinzip geschafft.

Warum nur im Prinzip? Nun gut, so richtig bewiesen sind Schmetterlings- und Kapitänsnaseneffekt noch nicht. Und Herr Laplace, wäre er hier, würde wahrscheinlich einwenden, er sehe nicht, wieso er widerlegt sei, und so chaotisch könne er die ganze Angelegenheit nicht finden. Schließlich sei man doch auf völlig geordnetem Weg zu diesen regellosen Schwankungen der Kurve gekommen. Das Ergebnis mag man als chaotisch bezeichnen, aber der Weg dahin sei durch die Rechenvorschrift völlig determiniert. Wo also ist der Determinismus durchbrochen?

Das alles ist nicht dumm, und auch sonst wäre noch einiges zu sagen, darum hätten Herr Laplace und andere Skeptiker das Recht, noch ein paar kleineren Nebenrechnungen beizuwohnen. Die nächsten Kapitel werden ihnen dieses Recht und einiges andere gewähren.

Die endgültigen Beweise

Was wurde eigentlich bisher behauptet? Behauptet wurde, daß die Menschheit niemals in den Genuß eines zuverlässigen Wetterberichts gelangen wird. Behauptet wurde weiter, daß auch alles andere menschliche Trachten nach Gewißheit und Prophetie für immer vergeblich sein wird. Die Naturgesetze selbst stehen diesem verständlichen Streben des Menschen entgegen.

Begründet wurde dieser Pessimismus zum einen mit der Heisenbergschen Unschärferelation, die uns jetzt nicht mehr weiter zu interessieren braucht, und zum anderen mit der Lorenzschen Entdekkung, daß ähnliche Zahlen, durch die Mühle mathematischer Rechenvorschriften gedreht, keineswegs immer unserer Erwartung entsprechen, auch ähnliche Ergebnisse zu liefern. Bestimmte Mühlen funktionieren offensichtlich als Abweichungs-Verstärker. Wenn aber ähnliche Zahlen – so lautete die Schlußfolgerung daraus – keineswegs immer zu ähnlichen Ergebnissen führen, dann können sich kleine Meßfehler katastrophal auf wissenschaftliche Prognosen und technische Anwendungen auswirken.

Warum aber verhalten sich Zahlen mal so und mal so? Welche Bedingungen sind es, die dazu führen, daß ähnliche Anfangswerte im einen Fall ähnliche und im anderen Fall völlig verschiedene Endwerte produzieren? Und warum scheint das auch die Natur so zu machen?

Natürliche Systeme können offenbar in drei verschiedenen Zuständen vorkommen. Im ersten Zustand halten sie sich an die Spielregel, auf kleine Veränderungen nur geringfügig zu reagieren. Zwei Anfangswerte, die nur geringfügig voneinander abweichen, führen zu Ergebnissen, die ebenfalls nur geringfügig voneinander abweichen. Systeme in diesem Zustand erscheinen uns stabil, geordnet und berechenbar. In einem anderen Zustand verletzen sie die Spielregel und reagieren unberechenbar auf kleinste Veränderungen. Geringfügige Abweichungen am Anfang führen zu großen Differenzen im weiteren Verlauf. Diese Systeme erscheinen uns instabil und ungeordnet. Und dazwischen erscheint noch ein dritter Zustand als Übergangsstadium.

Es ist nun gerade die Pointe der Gleichung $y_{n+1} = ay_n(1-y_n)$, daß sie genau dieses Verhalten präzise beschreibt und alle drei möglichen Zustände eines Systems umfaßt, den stabilen, den instabilen und den Übergang zwischen beiden. Als entscheidender Faktor in dieser Gleichung, als der Teufel, der dafür sorgt, daß eine geringe Abweichung zwischen zwei Zahlen die Verarbeitung in der Zahlenmühle im einen Fall fast unbeschadet übersteht, im anderen Fall aber zur Unkenntlichkeit verändert wird, als dieser Teufel erweist sich der Faktor a. Seine Größe entscheidet, ob wir es mit einem stabilen, einem chaotischen oder einem System im Übergang zu tun haben. Das hat das vorige Kapitel gezeigt, wo wir die logistische Gleichung für verschiedene Werte von a berechnet, mit a = 2,0 begonnen und diesen Wert dann schrittweise erhöht haben. Dabei sahen wir, daß sich die errechneten Ergebnisse im Bereich zwischen a = 2 und a = 2,9, nach mehr oder weniger Iterationen allesamt auf feste Werte einpendelten. In diesem Bereich repräsentierte die Gleichung also offensichtlich Systeme im Zustand der Stabilität. Diese Stabilität zeigt die Gleichung übrigens auch für Werte von a, die kleiner als zwei sind. Auf den rechnerischen Beweis dafür wurde aus Gründen der Ökonomie verzichtet.

Eine Erhöhung des Wertes von a auf 3,0 beendete dann plötzlich den Bereich der Stabilität. Die errechneten Ergebnisse »einigten« sich nun nicht mehr auf eine bestimmte Grenzlinie, sondern schwankten »unentschieden« zwischen zwei Zahlen hin und her. Aber immerhin behielten sie wenigstens diese Eigenheit, zwischen zwei Zahlen zu schwanken, eine Weile bei und zeigten damit noch eine gewisse Verläßlichkeit. Weitere Erhöhungen des Faktors a schränkten diese Verläßlichkeit jedoch immer weiter ein, indem sie die Ergebnisse in immer kürzeren Abständen zwischen immer mehr Zahlen schwanken ließen. Die »Unentschiedenheit« nahm zu. Die alte Ordnung löste sich in immer rascher aufeinanderfolgenden Periodenverdopplungen auf. Die Gleichung repräsentierte jetzt Systeme im Übergang von der Stabilität zur Instabilität.

Ab einem bestimmten Punkt, ungefähr bei a = 3,6, verlor sich dann die fortgesetzte Periodenverdopplung und ging in regelloses Schwanken über. Das Chaos war da. Aber, und da hätte nun ein Laplace mit seinem Einwand recht, er sehe nicht, wieso er dem Determinismus abschwören solle: Das schwankende Zahlen-Chaos kommt durch eine genau determinierte Vorschrift zustande, eben die logistische Gleichung, und darum ist es eigentlich nicht ganz richtig, von Chaos zu sprechen. Andererseits: Sehr ordentlich ist ein System auch nicht mehr, in dem Zahlen offenbar beliebig schwanken dürfen. Schon, daß sie schwanken, statt einem festen Wert zuzustreben und dort stabil zu verharren, läßt uns den Boden unter den Füßen schwanken. Und daß sie sich bei diesen Schwankungen an keine Regel halten, kommt uns zu Recht chaotisch vor. Und dennoch: Man kann die Zahlen ja ausrechnen, zwar nicht mit einer einfachen Vorschrift, sondern über die Mühsal des Iterierens, aber es geht. Und darum sprechen die Chaosforscher auch lieber von »deterministischem Chaos« als nur einfach von Chaos. Deshalb sei an dieser Stelle gesagt: **Wenn in diesem Buch von Chaos die Rede ist, ist immer das deterministische Chaos gemeint.** Nur das deterministische Chaos ist der Gegenstand der Chaosforschung.

Die Berechnungen für verschiedene Werte von a in der Gleichung $y_{n+1} = ay_n(1-y_n)$ im vorigen Kapitel waren zwar verhältnismäßig zahlreich, dennoch stellen sie nur einen winzigen Ausschnitt aus der unendlichen Zahl der möglichen Werte dar. Natürlich haben Mathematiker mit ihren Computern die Gleichung schon längst für viele verschiedene Werte von a berechnet. Was dabei herauskam, zeigt das Bifurkationsmodell auf Seite 71.

Was für die drei Zustände bisher noch nicht gezeigt wurde, sind die verschiedenen Reaktionen auf kleine Änderungen. Beginnen wir damit im stabilen Bereich, also irgendwo zwischen zwei und drei. Nehmen wir beispielsweise für a = 2,5 und ändern diesen Wert jeweils um ein Hundertstel nach oben und unten, so bekommt man je eine Kurve für 2,49, 2,50 und 2,51.

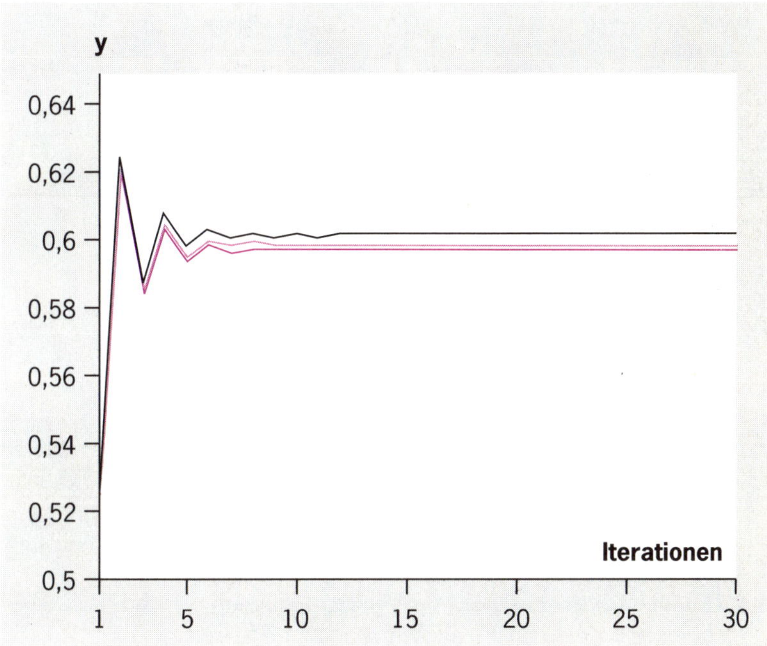

Abb. 15 Iteration der Gleichung $y_{n+1} = ay_n (1 - y_n)$ für a = 2,49 (——); a = 2,5 (——) bzw. a = 2,51 (——); $y_0 = 0,3$

Wie man sieht, unterscheiden sich die drei Verläufe so wenig, daß es Mühe macht, sie auseinanderzuhalten. Kleine Änderungen von a werden auch nur mit kleinen Änderungen des Kurvenverlaufs beantwortet. Das Verhalten ist stabil.

Hält man a konstant bei 2,5 und variiert man y_0, setzt also beispielsweise der Reihe nach die Werte 0,1, 0,30, 0,5 und 0,75 in die Gleichung, so bleibt das Verhalten ebenfalls stabil, wie das nächste Diagramm zeigt.

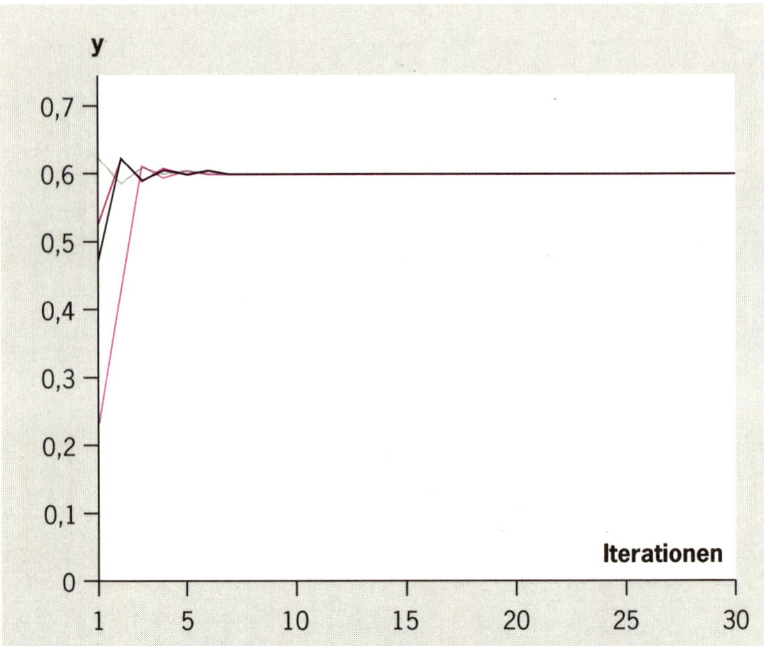

Abb. 16 Iteration der Gleichung $y_{n+1} = ay_n (1 - y_n)$ für a = 2,5 und y_0 = 0,1 (—); 0,3 (—); 0,5 (—) bzw. 0,75 (—)

Bei allen vier Werten von y_0 pendelt sich die Kurve nach anfänglichen Unterschieden rasch auf die Grenzlinie bei 0,6 ein. Dies ist der Grund, warum bei den Iterationen der logistischen Gleichung auf das Rechnen mit verschiedenen Werten von y_0 verzichtet wurde.

Ganz anders sieht die Sache aus, wenn man in den chaotischen Bereich geht, also dorthin, wo a größer als 3,6 ist. Schon kleinste Änderungen sowohl von a als auch von y_0 führen zu drastisch anderen Verläufen. Im nächsten Beispiel probieren wir das mit den beiden Parametern, die Lorenz für sein Spielzeugwetter benutzte. Beim ersten Mal rechnete Lorenz' Computer mit der sechsstelligen Zahl 0,506 127, beim zweiten Mal mit dem um rund ein Zehntausendstel abgerundeten Wert 0,506. Sehen wir, wie sich diese winzige Änderung auswirkt, wenn a = 4 ist.

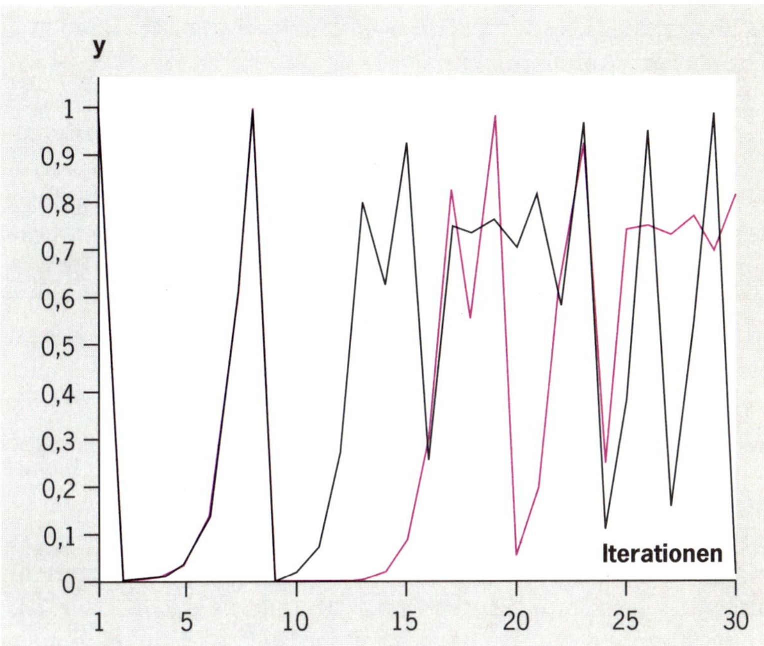

Abb. 17 Iteration der Gleichung $y_{n+1} = ay_n\,(1 - y_n)$ für a = 4 und $y_0 = 0{,}506127$ (—) bzw. 0,506 (—)

Bis zur achten Iteration verlaufen die beiden Kurven fast gleich. Danach entwickeln sie sich völlig auseinander, und das bei einem Unterschied in den Anfangsbedingungen von 0,000 127. Man hätte noch kleinere Unterschiede machen können. Auch sie hätten nach einiger Zeit zu einer anderen Entwicklung geführt, wie das nächste, sehr extrem gewählte, Beispiel zeigt.

Für die Berechnung wurde für a willkürlich der 15stellige Wert 4,000 899 996 898 819 gewählt. Für y_0 wurde ebenfalls recht willkürlich der Wert 0,299 999 999 998 998 genommen und anschließend errechnet, was passiert, wenn man diese Zahl an der letzten Dezimalstelle um eins und dann noch einmal um eins erhöht. Wir ändern also die Größe y_0 zuerst um ein Billiardstel und dann um zwei Billiardstel, man könnte sagen: Wir lassen eine leichte Brise wehen und beobachten, was passiert, wenn währenddessen ein Schmetterling von einer Blume zur nächsten fliegt, anschließend wieder abhebt und im selben Moment eine Maus niest (Abbildung 18).

Es ergeben sich drei Kurven, die bis zur 47. Iteration annähernd gleich verlaufen. Das heißt: Über längere Zeit passiert gar nichts. Der Flügelschlag des Schmetterlings scheint die Brise in ihrem Verhalten genausowenig zu beeinflussen wie das Niesen der Maus. Danach aber passiert doch etwas. Plötzlich entstehen aus der Brise drei völlig verschiedene Winde. Wind 1 (die schwarze Linie) zeigt die Brise, wie sie verlaufen wäre ohne Schmetterling und ohne Maus. Sie hätte einfach weiter geweht, mal stärker, mal schwächer. Wind 2 (die hellrote Linie) repräsentiert das System Brise plus Flügelschlag des Schmetterlings. Der Charakter der Windart, die Brise, wäre zwar erhalten geblieben, aber während der meisten Zeit hätte sie ziemlich genau gegenläufig zur ursprünglichen Brise geweht. Wo die eine heftig wehte, wäre die andere fast windstill gewesen und umgekehrt. Für das System Schmetterlingsflügel plus Mausnase dagegen (dunkelrot) bahnt sich zwischen der 68. und 71. Iteration etwas dramatisch anderes an. Bei der 72. Iteration (man könnte dafür Minuten, Stunden, Jahre nehmen, je nachdem, was man zu Beginn gewählt hat), schießt die Kurve plötzlich steil nach unten. Innerhalb kürzester Zeit entsteht also ein gewaltiges Tiefdruckgebiet. Die Brise wächst sich zum Orkan aus.

Schmetterlings- und Kapitänseffekt sind bewiesen. Die Behauptung, es gebe Systeme, in denen eine »Sensitivität der Anfangsbedingungen« herrscht, ist jetzt für das System $y_{n+1} = ay_n(1-y_n)$ bewiesen. Das Wort »System« für die simple Gleichung mag ein wenig

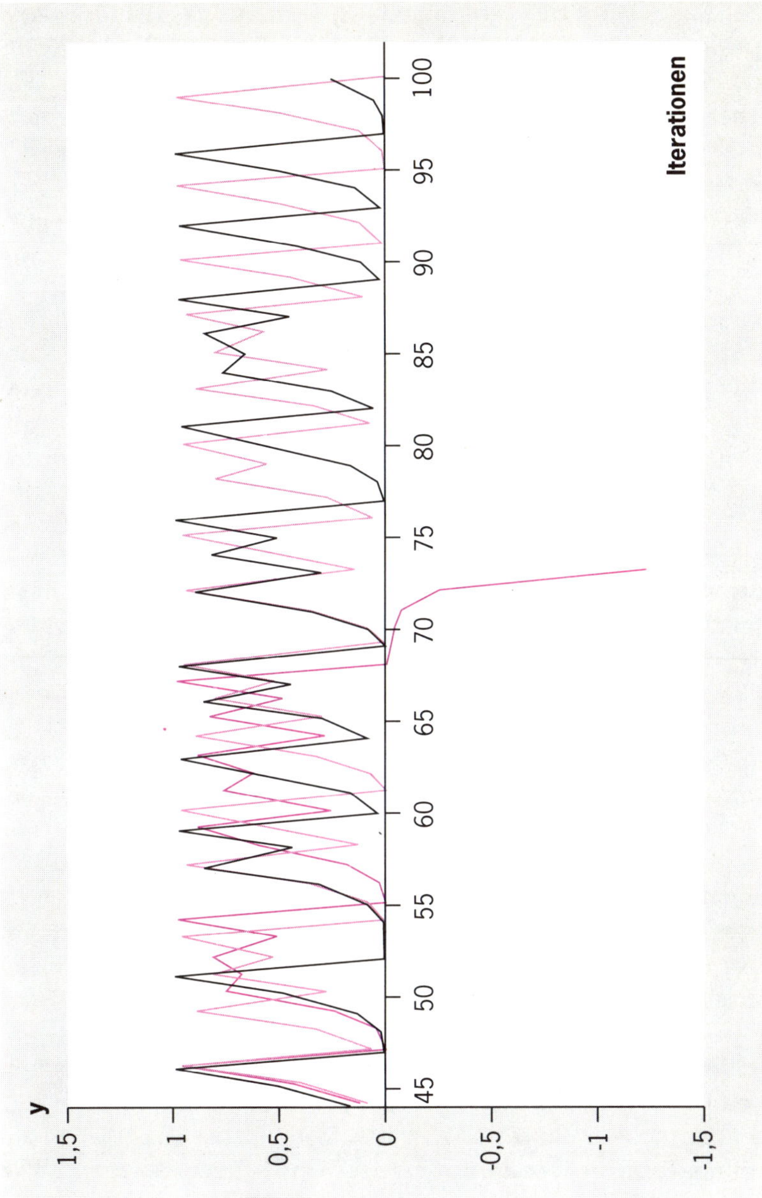

Abb. 18 Iteration der Gleichung $y_{n+1} = ay_n (1 - y_n)$ für $a = 4{,}000\,899\,996\,898\,819$; $y_0 = 0{,}299\,999\,999\,998\,998$ (—), $y_0 = 0{,}299\,999\,999\,998\,999$ (—) bzw. $y_0 = 0{,}299\,999\,999\,999$ (—)

zu groß sein. Aber es hat sich herausgestellt, daß das, was sich in dieser Gleichung zeigt, auch in Lorenz' Spielzeugwetter steckt, und das war ein System, wenngleich auch ein wesentlich einfacheres als das Vorbild, das wirkliche Wetter. Und es wird auch noch gezeigt werden, daß es sich bei diesem Phänomen um ein allgemeines Phänomen handelt, das in ganz verschiedenen Systemen immer wieder zu entdecken ist.

Die Tentakeln des Chaos

In den vorhergehenden Kapiteln wurde die logistische Gleichung $y_{n+1} = ay_n(1-y_n)$ für verschiedene Werte von a iteriert. Die dafür gewählten Beispiele stellten natürlich nur einen winzigen Ausschnitt der unendlich vielen Werte dar, welche die Größe a in dieser Gleichung annehmen kann. Um sich ein wirkliches Bild zu machen, wäre es daher erforderlich, die Gleichung für tausende, ja zehntausende von verschiedenen Werten für a viele hundert Male kontinuierlich zu iterieren – eine endlose Rechnerei. Und auch dann hätte man noch keinen Überblick. Als nächstes müßte man erst noch die vielen Werte von a und die zugehörigen Werte von y in ein Koordinatensystem eintragen und die Punkte miteinander verbinden, erst das ergäbe das gesuchte Bild.

Mathematiker, Chaosforscher und auch Laien haben sich dieses Bild längst anfertigen lassen – vom Computer. Auf Seite 71 ist es.

Die Kurve zeigt die Entwicklung der logistischen Gleichung für Werte von a, die zwischen 2,8 und 4 liegen. Bei kleinen Werten von a, so haben die früheren Kapitel gezeigt, pendelt sich die Kurve nach mehr oder weniger Iterationen auf feste Werte ein. Diese festen Werte symbolisiert das kleine Schwänzchen links.

Später, bei a = 3, gabelt sich diese Linie, kommt es zu einer »Bifurkation«, was nichts anderes heißt als »Gabel mit zwei Zinken«. Die Größe y pendelt sich zwar wieder auf feste Werte ein, aber nicht mehr auf einen einzigen, sondern auf zwei Werte. Auch das bleibt nur eine Zeit lang so. Nach weiter steigendem a gabelt sich jede der beiden Zweige wieder. Die Kurve schwankt jetzt zwischen vier Werten, kurz danach zwischen acht und nach weiteren Periodenverdopplungen, die

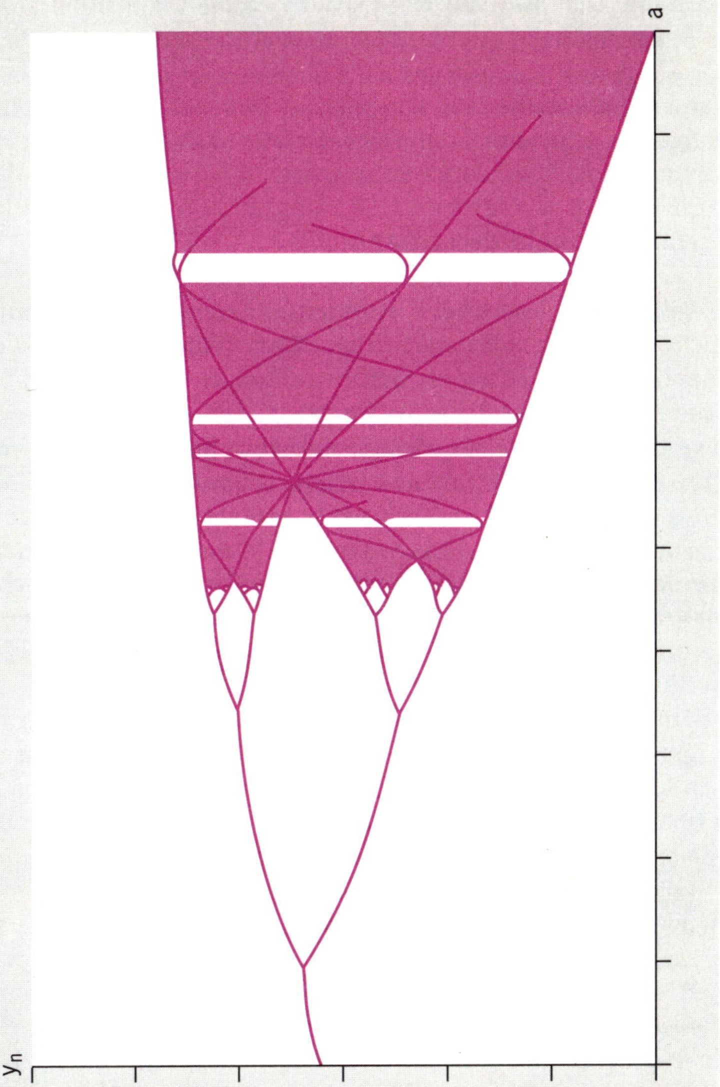

Abb. 19 Bifurkationsdiagramm der logistischen Gleichung

man nicht mehr sieht, schwanken die y-Werte deterministisch chaotisch; deterministisch, weil durch Gleichung eindeutig bestimmt, chaotisch, weil keinerlei Regel zu erkennen ist, nach der sie schwanken.

Und dann kommen die Überraschungen: Man erkennt Linien, die sich durch die schwarze Fläche ziehen. Diese Linien repräsentieren y-Werte, Punkte, die besonders häufig »besucht werden«. Einige Werte werden also von der logistischen Gleichung bevorzugt, es herrscht so etwas wie eine geheime, verborgene Ordnung.

Zweite Überraschung: Die dunkle Fläche, das Kontinuum regellos schwankender y-Werte, wird immer wieder von schmaleren und breiteren weißen Bändern unterbrochen. Diese weißen Bänder repräsentieren kleine Bereiche der Ordnung. Hier kommt das chaotische Schwanken zum Stillstand, um aber kurz darauf gleich wieder einzusetzen. Aus Chaos entsteht also Ordnung und aus Ordnung wieder Chaos.

Die dritte und größte Überraschung sähe man nur unterm Mikroskop. Aber wenn man genau hinsieht, erkennt man auch so: Der Übergang in einem der weißen Bänder der Ordnung ins Chaos scheint sich wieder über den Weg der Periodenverdopplungen zu vollziehen. Im Bild rechts haben wir im breiten weißen Band einen kleinen Abschnitt herausvergrößert. Das verblüffende Ergebnis der Vergrößerung zeigt der Ausschnitt darüber: ein weiteres Bifurkationsdiagramm, das dem Ganzen ähnlich sieht. Wir stoßen hier zum ersten Mal auf das Phänomen der Selbstähnlichkeit, das uns später noch häufiger begegnen wird.

Und noch etwas läßt sich von dieser Kurve sagen. Wir haben früher schon gesehen, daß sich die Abstände zwischen den Periodenverdopplungen sehr schnell verkürzen. Dem amerikanischen Mathematiker Mitchell J. Feigenbaum war diese qualitative Aussage nicht präzise genug. Er fragte: Wie schnell verkürzen sie sich? Er fand die nach ihm benannte Feigenbaumzahl $\delta \approx 4{,}6692\ldots$ Das heißt: Von Periodenverdopplung zu Periodenverdopplung verkürzt sich der Abstand jeweils auf rund ein Fünftel, genaugenommen $1/_{4{,}6692}$ .... des vorhergehenden Abstands. Auch das Schrumpfen der senkrechten Lücken der »Zinken der Gabel« läßt sich präzisieren. Wie Feigenbaum herausfand, beträgt

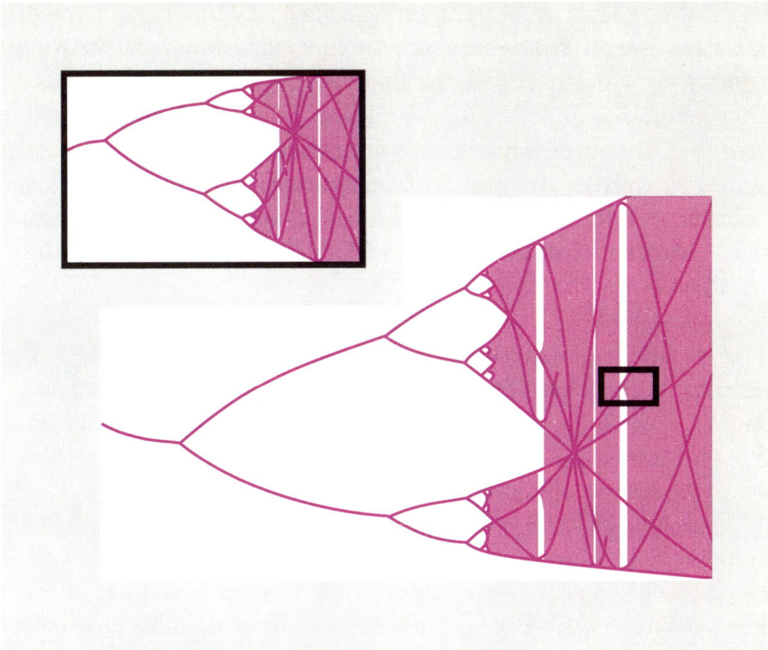

Abb. 20 Selbstähnlichkeit im Bifurkationsdiagramm

der Abstand der Zinken zueinander rund zwei Fünftel der vorherigen, genaugenommen $1/2{,}5029$....

Es ist nicht ihr Wert, der diese Zahlen bedeutsam macht, sondern die Tatsache, daß sie in ganz unterschiedlichen Zusammenhängen immer wieder auftauchen. Wann immer nichtlineare Systeme den Weg ins Chaos gehen, tun sie dies bevorzugt nach dem Bifurkationsschema und gemäß der Feigenbaumschen Zahlen. Die Zahlen sind von universeller Bedeutung. Sie sind Naturkonstanten.

Der Weg ins Chaos über die Periodenverdopplung nach dem Bifurkationsmodell ist allerdings nicht der einzig bekannte. Bisher hat man noch zwei weitere entdeckt: Einer schlägt die sogenannte Intermittenz-Route ein, der andere einen Dreierschritt. Im Intermittenz-Modell wechseln zeitlich regelmäßige Signale mit statistisch verteilten Perioden irregulären Verhaltens ab, die mit wachsendem Kontrollparameter a häufiger werden und schließlich in vollständig chaotisches Verhalten übergehen. Ein bißchen ähnelt dieser Weg dem Bifurkationsmodell, bei dem wir ja in den weißen Bändern auch einen Wechsel zwischen Ordnung und Chaos sehen. Der dritte Weg wurde beim Laser-Chaos entdeckt. Wird die Leistungszufuhr im Laser sehr hoch, kann er nach zwei kurzen Instabilitäten schon im dritten Schritt chaotisch schwingen.

Die logistische Formel ist auch nicht die einzige Rechenvorschrift, die ins Chaos führt. Es gibt zahlreiche andere. Beispiele sind

$$x_{n+1} = x_n + a \sin \pi x_n$$
$$x_{n+1} = a x_n^2 - 1$$

James P. Crutchfield, Professor an der Universität von Kalifornien, sieht im Chaos die Möglichkeit für die Natur, »zufällige Änderungen zu strukturieren« und damit genetische Vielfalt unter die Kontrolle der Evolution zu bringen. Es könne auch sein, »daß die Ursprünge der Kreativität chaotische Prozesse sind, die selektiv zufällig Fluktuationen verstärken und sie in einem makroskopisch kohärenten Zustand, den wir als Gedanken erfahren, zum Ausdruck bringen«. In einigen Fällen, so meint Crutchfield, »können diese Gedanken Entscheidungen sein oder das, was wir als Ausdruck des freien Willens ansehen«. Chaos enthalte einen Mechanismus, »der freien Willen in einer deterministischen Welt zuläßt«.

Eine Theorie der Revolution

Der amerikanische Wissenschaftstheoretiker Th. S. Kuhn vertritt die These, daß sich die Wissenschaft historisch in einer Abwechslung zweier Phasen entwickelt, die er »normale Wissenschaft« und »wissenschaftliche Revolution« nennt. Normale Wissenschaft löst Einzelprobleme nach erprobten theoretischen Grundlagen, die Kuhn Paradigmen nennt. Eine wissenschaftliche Revolution findet neue Paradigmen. Mit der Anwendung dieser neuen Paradigmen beginnt eine neue Phase normaler Wissenschaft, so lange, bis diese Paradigmen zu neuen Widersprüchen führen.

C. F. v. Weizsäcker hat darauf hingewiesen, daß sein Freund und Lehrer Werner Heisenberg schon viele Jahre vor Kuhn dessen These mit anderen Worten vorweggenommen hat. Heisenberg beschrieb den Fortschritt in der Wissenschaft als Folge abgeschlossener Theorien. »Eine abgeschlossene Theorie ist nicht eine endgültige Theorie; Heisenberg hat bezweifelt, daß es endgültige Theorien gibt. Eine abgeschlossene Theorie schließt sich gegenüber weiterer Veränderung dadurch ab, daß sie durch kleine Änderungen nicht mehr verbessert werden kann.«

So eine abgeschlossene Theorie erklärt Millionen einzelner Erfahrungen. Je mehr Erfahrungen sie zu erklären vermag, desto fundamentaler ist sie. Aber bis jetzt hat noch keine Theorie alle Erfahrungen erklärt. Bis jetzt ist jede Theorie auf Erfahrungen gestoßen, die zu ihr in Widerspruch standen. Das war dann immer die große Krise. In diesen Krisen zeigt sich stets, daß kleine Änderungen an der Theorie nichts bewirkten. Sie reichen nicht aus, um den Widerspruch aus der Welt zu schaffen. In dieser Phase müssen Wissenschaftler philosophieren. In dieser Phase wird die nächsthöhere abgeschlossene Theorie entwickelt, welche die Widersprüche beseitigt und die alte Theorie als Spezialfall enthält.

»Eben deshalb kann der Schritt zur nächsten Theorie nur ein großer Schritt, nur eine Krise, eine Revolution sein. Erst die nachfolgende Theorie gibt eigentlich Rechenschaft von den Gründen des Erfolgs ihrer Vorgängerin. Sie umfaßt oder impliziert die vorangegangene Theorie als einen Grenzfall, der in angebbarer Näherung gilt.

Edelmütiger als die meisten politischen Revolutionäre sagen die siegreichen Revolutionäre der Wissenschaft, warum und inwieweit die überwundene Herrschaft recht hatte. Den Grund einer Wahrheit kann man ja stets erst dann angeben, wenn man auch den Grad ihrer Unwahrheit durchschauen gelernt hat« (C. F. v. Weizsäcker).

Die Theorie dieser Paradigmenwechsel ist die Chaostheorie, die selbst ein neues Paradigma darstellt und selbstverständlich ebenfalls das Ergebnis einer Krise, eines Nichtmehrweiterwissens ist. Warum führen ähnliche Zahlen (sprich: ähnliche Ursachen) nicht zu ähnlichen Ergebnissen (sprich: ähnlichen Wirkungen)? war die Frage, vor der Edward Lorenz stand, als er seine zwei Kurven in der Hand hielt. – Weil es Systeme mit empfindlicher Abhängigkeit von den Anfangsbedingungen gibt, lautete die neue revolutionäre Antwort. Der bisher für den Normalfall gehaltene Zustand der Ordnung ist nur ein Grenzfall, eine Ausnahme. Die Regel ist die Unordnung, das Chaos, und das Chaos gebiert von Zeit zu Zeit aus sich heraus stabile Inseln der Ordnung. Und mit diesem neuen Paradigma konnte eine neue Phase »normaler Wissenschaft« gestartet werden.

Eine neue Theorie ist wie ein neues Sinnesorgan. Es ermöglicht Beobachtungen, für die man vorher blind war. Seit der Entdeckung des Chaos fällt es Wissenschaftlern aller Disziplinen wie Schuppen von den Augen. Plötzlich entdecken sie überall, wohin sie blicken, immer neue chaotische Systeme: Rauschen in der Telefonleitung – Chaos im elektrischen Strom, katalytische Reaktionen im Glaskolben – Chaos in der Chemie, Herzflimmern und Infarkt – Chaos im Herzen, abnormes Verhalten eines Menschen – Chaos im Gehirn, eine minimale Erhöhung oder Senkung des Diskontsatzes – Baisse oder Hausse an der Börse, Anstieg der durchschnittlichen Temperatur auf der Erde um ein Grad – Überschwemmungen, Dürre und Verwüstung der Erde, Rückgang um ein Grad – eine neue Eiszeit.

Bisher, in den vorhergehenden Kapiteln, war Chaos ja eine ziemlich abstrakte, blutleere Angelegenheit, etwas, das sich nur zwischen Zahlen abspielte. In den nun folgenden Kapiteln werden die Zahlen nun mit Fleisch und Blut umhüllt. Bisher wurde gezeigt, daß ähnliche Zahlen nicht immer, wie erwartet, zu ähnlichen Ergebnissen führen müssen. Jetzt wird gezeigt werden, daß ähnliche Ursachen zu ganz verschiedenen Wirkungen führen können.

Chaos, wohin das Auge schaut

Wie empfindlich ist die Welt?

Ein Millimeter ist das Tausendstel eines Meters, noch groß genug, um mit bloßem Auge gut erkannt und von zwei, drei oder vier Millimetern Länge unterschieden zu werden. Unter einem zehntel Millimeter vermögen wir uns gerade noch die Dicke eines Haares vorzustellen. Zwei zehntel Millimeter von einem oder von drei zu unterscheiden, überfordert uns bereits. Bei hundertstel Millimetern hört unser Erkennungs- und Unterscheidungsvermögen auf, bei der nächstkleineren Größenordnung, dem Tausendstel-Millimeter-Bereich, versagt dann auch die Kraft der Vorstellung.

Ähnlich verhält es sich mit den anderen beiden Grundgrößen der Physik, der Masse und der Zeit. Ein Gramm eines Materials spüren wir gerade noch auf der Haut. Sich ein Milligramm, also ein tausendstel Gramm, vorzustellen, bereitet schon Mühe. Ebenso erscheint uns eine Sekunde als klarer Zeitbegriff. Eine zehntel Sekunde ist noch erlebbar, eine hundertstel Sekunde noch vorstellbar, bei tausendstel Sekunden hört die Zeit auf, für uns eine bedeutsame Größe zu sein.

Bei Größenordnungen im Tausendstel-Bereich gerät also unsere sinnliche Wahrnehmung an eine Grenze. Irgendwo zwischen dem Tausendstel- und Millionstel-Bereich kommt auch unsere Vorstellungskraft an ihre Grenzen.

Im vorigen Kapitel haben wir gesehen, was Änderungen bewirken können, die im Billiardstel-Bereich liegen. Unsere Fähigkeit, sich diese Kleinheit vorzustellen, ist damit total überfordert, hat schon lange vorher versagt. Man kann sich nur noch vorsagen: Ein Tausendstel, noch tausendmal verkleinert, ergibt ein Millionstel. Es ist der Mikro-Bereich. Das Millionstel, tausendmal verkleinert, führt uns zum Milliardstel und in den Nano-Bereich. Das Milliardstel, tausendmal verkleinert, ergibt das Billionstel. Es ist der Piko-Bereich. Mit noch einmal einer tausendfachen Verkleinerung landen wir endlich beim Billiardstel. Und eben dieses Billiardstel ist, wie wir im vorigen Kapitel gesehen haben, zu Wirkungen imstande, die eine Billiarde mal größer sind als es selbst. Herr Laplace, wäre er hier, wäre sehr beeindruckt. Aber müßte er sich schon geschlagen geben?

Noch nicht. Ein Billiardstel mag uns schon als fast Nichts vorkommen, es ist trotzdem noch weit entfernt davon. Um etwa ein Billiardstel Gramm Wasserstoff anzuhäufen, wären immerhin rund 600 Millionen Atome nötig. Die kann man messen, zählen, wiegen, wenn auch nur indirekt. Indirekt kann man noch bis hinunter zum einzelnen Atom messen, in eine Größenordnung, die noch einmal rund eine halbe Milliarde mal kleiner ist als das Billiardstel. Und auch da, an der 27. bis 30. Stelle hinterm Komma, sind die Physiker noch nicht am Ende. Weitere drei bis vier Stellen danach beginnt die Region, in der wir aufs Elektron und andere Elementarteilchen treffen, und es stellt sich die Frage: Sind auch Unterschiede in diesem Bereich, Unterschiede an der 33. bis 36. Stelle hinterm Komma noch in der Lage, chaotische Systeme zu großen Ausschlägen zu bewegen?

Mit dem Personal-Computer ist diese Frage nicht mehr zu beantworten. Er hört mit dem Rechnen an der 15. Stelle auf. Aber einige Chaosforscher verfügen über Supercomputer. Mit denen könnten sie einem Herrn Laplace zeigen: Auch Änderungen im letzten Stadium vor dem Nichts führen zu Reaktionen, deren quantitatives Ausmaß um vieles größer ist als das Ausmaß der Änderung. Herr Laplace, sähe er dies, würde augenblicklich verstummen. Aber angesichts dessen, was James P. Crutchfield, Chaosforscher an der Universität von Kalifornien in Berkeley, vor einiger Zeit ausgerechnet hat, müßte Herr Laplace eigentlich in den Boden versinken.

Crutchfield trieb das in diesem Kapitel begonnene Verkleinerungsspiel auf die fast letztmögliche Spitze. Er nahm eines der kleinsten Dinge, die es auf dieser Welt gibt, ein Elektron. Dessen Ruhmasse in Gramm beginnt an der 28. Stelle hinter dem Komma. Dann nahm er eine der größten denkbaren Entfernungen, den Abstand der Erde zum Rand unserer Galaxie, der Milchstraße. Dieser Abstand beträgt ungefähr 100 000 Lichtjahre.

Ein Lichtjahr ist die Strecke, die das Licht in einem Jahr zurücklegt. In einer Sekunde schießt das Licht rund 300 000

Kilometer weit durch den Raum. In einer Minute sind es 60mal so viel, in einer Stunde noch einmal 60mal so viel, an einem Tag 24mal so viel und in einem Jahr 365mal so viel, macht zusammen rund 9 460 800 000 000 Kilometer, also knapp zehn Billionen Kilometer. 100 000 Lichtjahre ergeben dann eine Länge von rund einer Trillion Kilometern, das ist eine 18stellige Zahl.

Als nächstes nahm Crutchfield eine Billardkugel, dazu die schwächste Kraft, die es im Universum gibt – das ist die Gravitation – und fragte sich, wie groß wohl die gravitative Anziehung zwischen dieser Kugel und einem Elektron am Rande der Milchstraße sei? Das ist eine einfache Rechnung. Die Stärke der Kraft, mit der sich zwei Körper gegenseitig anziehen, ist das Produkt aus deren Massen, multipliziert mit der Gravitationskonstante und dividiert durch das Quadrat der Entfernung. Setzen wir der Einfachheit halber die Masse der Billardkugel mit 100 Gramm fest, dann lautet die Rechnung

$$\frac{9 \cdot 10^{-31} \cdot 10^{-1} \cdot 6{,}6 \cdot 10^{-11}}{10^{21} \cdot 10^{21}}$$

Man muß das nicht zu Ende rechnen. Es genügt, sich die Zehnerpotenzen anzusehen, dann läßt sich abschätzen: Die Kraft, um die es geht, ist solch ein Nichts, daß erst einmal 84 Nullen hinter dem Komma aufmarschieren, bevor die erste von Null verschiedene Ziffer kommt.

Und nun wollte Crutchfield wissen: Für welchen Zeitraum könnte ein Billardspieler mit perfekter Kontrolle seines Spieles und genauestmöglicher Kenntnis der Anfangsbedingungen beim Stoß auf die Kugel deren Bahn voraussagen, wenn man ideale Bedingungen voraussetzt, also die Reibung auf Null setzt? Crutchfields Antwort: Sofern der Spieler nur einen Effekt vernachlässigt, dessen Stärke der gravitativen Anziehungskraft eines Elektrons am Rande der Milchstraße entspricht, wäre die Vorhersage schon nach einer Minute falsch. Das ist die Kapitulation des Herrn Laplace.

Nun stellt sich die Frage: Wenn das so ist, wenn uns irgendein fernstes Elektron irgendwo am Rande der Milchstraße in unsere

Geschäfte hineinfunken kann, warum funktionieren dann unsere Geschäfte überhaupt noch? Warum fahren Autos, kühlen Kühlschränke und gleichen Brillen unsere Sehfehler aus? Warum dreht sich die Erde seit Millionen Jahren unbeeindruckt um die Sonne, und warum kommen Sonnen- und Mondfinsternisse pünktlich zum errechneten Termin?

Die Antwort finden wir in der logistischen Gleichung. Darin sahen wir doch: Wenn der Faktor a kleiner als 3 ist, ist die Welt in Ordnung, ist das System stabil, und nicht einmal ein Tornado kann diesem System etwas antun. Es wird zwar kräftig durchgeschüttelt, aber wenn der Tornado abgezogen ist, beruhigt es sich auch wieder und ist dasselbe wie zuvor.

Die Empfindlichkeiten beginnen erst ab einem Faktor a von 3,6, und dieser Faktor regiert beileibe nicht jedes System, und selbst wenn er es tut, ist noch nicht aller Tage Abend. Im vorigen Kapitel wurde gezeigt, wie ein chaotisches System auf eine Änderung reagiert, die in der Größenordnung eines Billiardstel liegt. Zwei Kurven schwankten phasenverschoben und regellos zwischen den Größen Null und Eins hin und her, eine dritte tat dies eine Zeitlang ebenfalls und stürzte dann aber plötzlich ab.

Darin liegen trotz des Absturzes zwei beruhigende Botschaften, die erste lautet: Daß zwei Entwicklungen regellos und unvorhersagbar schwanken, mag in vielen Fällen ärgerlich sein, aber daß sie dies in einem überschaubaren Bereich zwischen Null und Eins tun, versöhnt wieder ein bißchen. Vielleicht kann man ja damit leben.

Die zweite lautet: Auch die dritte Kurve, die abstürzende, muß uns nicht unbedingt ins Unglück stürzen. Daß eine Kurve nach der 70. Iteration abstürzt, bekommt für uns erst eine Relevanz, wenn das zugehörige Bezugssystem bekannt ist, wenn klar ist, es geht ums Wetter, ums Planetensystem, um den Herzrhythmus oder um die Rattenpopulation in den Abwasserkanälen von Paris, und wenn klar ist, was die Iterationen zeitlich bedeuten: Sekunden, Stunden, Jahre oder Jahrtausende.

Handelt es sich um den Herzrhythmus, und bedeutet jede Iteration einen Tag, dann verheißt die grüne Kurve dem, um dessen Herz es geht, nicht gerade eine vielversprechende Zukunft. Handelt es sich jedoch nur ums Wetter, und bedeutet die grüne Kurve einen Temperatursturz in 70 Stunden, dann muß man sich halt die warmen Sachen aus dem Schrank zurechtlegen. Sollte die Kurve jedoch das bevorstehende Aussterben der Pariser Ratten meinen – wen würde es kümmern? Und wenn es das Planetensystem wäre, und die Kurve bedeutete, daß die Erde in 70 Millionen Jahren auf die Sonne stürzt – nun ja, schreckt uns das wirklich?

Aber wieso eigentlich sollte die Erde in die Sonne stürzen? Ist das nicht absoluter Unfug?

Mehr darüber im nächsten Kapitel.

Chaos am Himmel

Ende des vorigen Jahrhunderts stellte die Schwedische Akademie der Wissenschaften die Preisfrage: Wie stabil ist unser Sonnensystem?

Die Frage mag überraschen, kreisen doch die Planeten seit Jahrmilliarden um die Sonne, haben doch Kepler, Newton, Galilei die Bewegungsgesetze der Planeten formuliert und deren Bahnen für alle Zeiten berechnet. Als Beweis, daß sie richtig gerechnet hatten, dienten die Sonnen- und Mondfinsternisse, die tatsächlich allesamt zu den vorhergesagten Terminen eintrafen, und der größte Triumph der neuen Wissenschaft war die vorausgesagte Wiederkehr des Kometen Halley.

Warum also die Frage nach der Stabilität des Sonnensystems? Da gab es von Anfang an ein paar Unsicherheiten, Unwägbarkeiten, und die weckten plötzlich Zweifel. Den Astronomen war immer bekannt, daß ihre Berechnungen wegen unvermeidlicher Meßfehler und vernachlässigter Störgrößen niemals exakte Ergebnisse, sondern nur Näherungswerte liefern konnten. Das hängt auch mit dem reduktionistischen Verfahren der Naturwissenschaften zusammen, das Newton sinngemäß so formulierte: Wenn du ein Problem nicht lösen kannst, weil es zu kompliziert ist, dann zerlege es in mehrere Unterprobleme. Sind auch die Unterprobleme noch zu kompliziert, zerlege auch diese und immer so weiter, bis das Problem so einfach wird, daß du es lösen kannst. Von einer Lösung aus gehe dann auf dem selben Weg zurück, auf dem du gekommen bist. Setze nun das Ganze aus seinen Teilen wieder zusammen. Das Ganze ist die Summe seiner Teile.

Auf die Planetenbahnen angewandt heißt das: Betrachte nur das System Erde-Mond und lasse alle anderen Planeten, die Sonne und den Rest des Kosmos zunächst unberücksichtigt. Damit reduziert sich das Problem der Planetenbahnen auf ein Zwei-Körperproblem. Für ein System von nur zwei Körpern lassen sich Newtons Gleichungen exakt lösen. Kleinere Fehler im Ergebnis beruhen hauptsächlich nur auf dem Meßfehler, den man bei der Bestimmung der Massen und der Abstände der beiden Körper zueinander gemacht hat. Die Bahn des Mondes um die Erde läßt sich so mit großer Genauigkeit berechnen.

Aber Erde und Mond existieren nun mal nicht allein auf der Welt. In unmittelbarer Nachbarschaft zieht die Venus ihre Bahn. Sie zerrt ein bißchen an den Bahnen von Erde und Mond. Und das ist das Problem. Schon beim einfachen Schritt vom Zwei- zum Dreikörperproblem werden Newtons Gleichungen unlösbar. Die Astronomen behalfen sich deshalb mit der »Störungstheorie«. Das Zerren der Venus berechneten die Astronomen in einer Reihe schrittweiser Näherungen und fügten es der idealisierten Zweikörper-Lösung einfach hinzu. Dabei trägt jeder Näherungsschritt etwas weniger bei als der vorherige. Eine genügend große Zahl solcher addierter Näherungen, so hofften die Astronomen, führt dann zu einem Ergebnis hinreichender Genauigkeit, auch dann, wenn man alle übrigen Planeten, die Sonne und den Rest des Kosmos ebenfalls mit einbezieht.

So richtig überprüft haben die Mathematiker diese Hoffnung lange Zeit nicht. Sie scheuten vor dem gewaltigen Rechenaufwand zurück. Erst als die Schwedische Akademie ihre Preisfrage stellte, mühten sich einige Mathematiker, darunter der Franzose Henri Poincaré (1854–1912), mit dem Einsetzen von Zahlen in komplizierte algebraische Gleichungen mit hunderten von schrittweisen Näherungen.

Wie erwartet, entdeckte er zunächst, daß sich die möglichen Bahnen zweier Körper nur geringfügig ändern, wenn ein dritter Körper hinzukommt. Aber im weiteren Verlauf stieß er auf einige wenige Bahnen, die ein äußerst launenhaftes Verhalten zeigten. Bewegte sich ein Körper auf diesen Bahnen, so konnte ihn die geringfügigste Anziehung eines neu hinzukommenden dritten Körpers zum Torkeln bringen und ihn sogar aus dem System hinauskatapultieren. Damit war der Mathematiker-Hoffnung auf Berechenbarkeit durch Näherungsverfahren der Boden entzogen. Das Ganze ist offenbar eben doch mehr als die Summe seiner Teile.

1903 schrieb Poincaré: »Es kann vorkommen, daß kleine Abweichungen in den Anfangsbedingungen schließlich große Unterschiede in den Phänomenen erzeugen. Ein kleiner Fehler zu Anfang wird später einen großen Fehler zur Folge haben. Vorhersagen werden unmöglich, und wir haben ein zufälliges Ereignis.«

Bereits zu Beginn unseres Jahrhunderts war also ein Wissenschaftler einer Korrektur der Newtonschen Mechanik ganz nahe und der Chaostheorie auf der Spur. Warum verfolgte er die Spur nicht weiter? Er wollte nicht. »Diese Dinge sind so bizarr, daß ich es nicht aushalte, weiter darüber nachzudenken«, sagte Poincaré. Und er hätte auch nur schwer gekonnt, denn ihm fehlte ein wichtiges Werkzeug, ein Rechenknecht, der Computer.

Hinzu kam, daß sich auf anderen Gebieten der Physik eine stürmische Entwicklung vollzog, die ohne Computer auskam, rasche Fortschritte erzielte und die Newtonsche Mechanik ebenfalls, von einer anderen Seite her, angriff. Albert Einstein veröffentlichte seine Spezielle Relativitätstheorie, einige Jahre später die Allgemeine Relativitätstheorie. Andere Physiker entdeckten das Atom und die Elementarteilchen, formulierten die Quantentheorie, und die widersprach ebenfalls Newtons Mechanik. So waren die Naturwissenschaftler Jahrzehnte mit diesen neuen Theorien und ihren Widersprüchen zu Newton beschäftigt, und Poincaré geriet in Vergessenheit.

Die Physik seither entwickelte sich so in zwei entgegengesetzte Richtungen: in die Richtung des immer Kleineren, in den Mikrokosmos, und in die Richtung des immer Größeren, ins Universum der Sterne und Galaxien. Beide Wege erwiesen sich als so ungeheuer erfolgreich, daß man lange Zeit eine damit zusammenhängende Kuriosität gar nicht mehr wahrnahm: Die Physiker wissen heute über fernste Welten, die nie ein Mensch betreten und über kleinste Dinge, die nie ein menschliches Auge sehen wird, besser Bescheid als über die alltäglichen Dinge unseres Lebens, die Objekte einer mittleren Größenordnung, in der wir uns bewegen.

Die Physiker wissen, wie schwer und wie groß ein Atom ist, sie können ziemlich genaue Angaben über die Temperatur im Innern des 900 Millionen Lichtjahre entfernten Quasars 2300-189 machen, und sie trauen sich sogar zu, vorauszusagen, wie heiß die Sonne in tausend Jahren sein wird. Aber an Weiberfastnacht zu sagen, welche Temperatur am Rosenmontag in Köln herrschen wird, überfordert unsere Wissenschaftler hoffnungslos.

Die Kuriosität scheint den Fachleuten weniger bewußt zu sein als Laien, die den Sachverhalt indirekt ansprechen, wenn sie klagen: »Auf den Mond können sie fliegen, aber ein Mittel gegen den Schnupfen kriegen sie nicht hin.«

Der Schnupfen, so muß daraus gefolgert werden, ist offenbar ein komplexeres Phänomen als das Unternehmen Mondlandung. Auch die Mann-Frau-Beziehung, die Siemens-Aktie, die Psyche bayerischer Ministerpräsidenten und überhaupt alle Phänomene mittlerer Größenordnung erscheinen seriösen Naturwissenschftlern als so verfilzt, daß sie gar nicht erst versuchen, sie zu ergründen. Aber statt sich die Aussichtslosigkeit des Unterfangens einzugestehen, beruhigten sie sich und die Menschheit bisher mit der Behauptung, im Prinzip könne man das Gewurstel schon einer exakten Beschreibung zugänglich machen. Im Prinzip handle es sich bei kompliziert erscheinenden Objekten nämlich immer nur um eine Überlagerung von vielen, für sich jeweils einfachen Prozessen. Man müsse nur die einzelnen Stränge auseinanderfieseln, dann könne man schon einiges erklären und Prognosen machen.

Seit Lorenz' Zwei-Kurven-Problem begannen immer mehr Wissenschaftler, sich komplexen dynamischen Systemen, Turbulenzen und all jenen anderen komplizierten Schwingungsvorgängen zuzuwenden, die bisher von Mathematikern und Physikern wegen ihrer Komplexität nur ungern untersucht wurden. Sie kamen alle übereinstimmend zu dem Ergebnis, daß es sich bei Turbulenzen in der weit überwiegenden Zahl der Fälle nicht um Überlagerungen periodischer Schwingungen, sondern um chaotische Schwingungen handelt. Andere Wissenschaftler versuchten, dort wieder anzuknüpfen, wo Poincaré aufgehört hatte – mit einer entschieden besseren Voraussetzung: Es gab jetzt den Computer.

Zwei sowjetische Forscher, B. V. Chiriokov und V. V. Vecheslavov vom Institut für Kernphysik in Nowosibirsk, nahmen sich vor drei Jahren jenen Kometen vor, dessen vorausgesagte Wiederkehr Newtons Mechanik so glänzend bestätigt hat, den Kometen Halley. Es kam heraus, daß Halleys Bahn nach einigen 100 000 Umläufen chaotisch wird und er dann möglicherweise das Sonnensystem verläßt, wenn er nicht vorher in Stücke zerbricht. Die frühen Astronomen, die seine Wiederkehr voraussagten, hatten also einfach nur Glück.

Tomio Petrosky von der Universität von Texas berechnete vor einiger Zeit den Einfluß, den das Schwerefeld Jupiters auf einen Kometen ausüben kann, der aus der Tiefe des Raumes kommend knapp an unserem Sonnensystem vorbeiflöge. Unter bestimmten Bedingungen, so errechnete Petrosky, würde die kleine Störung Jupiters ausreichen, um den Kometen in eine mehrfache Bahn um die Sonne zu zwingen. Die Zahl der Umläufe hinge entscheidend davon ab, wie exakt die Bahn jeweils berechnet würde. Bei einer Genauigkeit von sechs Stellen umkreiste der Komet die Sonne 757mal, bei sieben Stellen jedoch nur 38mal und bei acht Stellen 236mal. Auch Kometen reagieren also empfindlich auf Anfangsbedingungen.

Das zeigt, daß auch die scheinbar ewigen Bahnen der Himmelskörper so ewig nicht sind. Und das hat ja auch unser Beispiel der logistischen Gleichung bewiesen, wo demonstriert wurde, daß selbst im chaotischen Bereich noch so etwas wie eine relative Stabilität existiert, in dem ein System zwar unvorhersagbar schwankt, aber sich über einen langen Zeitraum in seiner Schwankungsbreite innerhalb eines eng begrenzten Korridors aufhält, und dann doch irgendwann ganz plötzlich diesen Korridor verläßt.

Da liegt die Frage nahe: Und wie hält es das Chaos mit dem Planeten Erde? Jaques Laskar vom Pariser Bureau des Longitudes hat 1989 mit Hilfe eines gewaltigen Rechenmodells, dessen Gleichungen bis zu 150 000 Näherungsschritte, sogenannte Terme, umfaßten, alle großen Planeten, die Langzeitwirkungen des Erdmondes und sogar Effekte der Allgemeinen Relativitätstheorie berücksichtigte, die Zukunft des Sonnensystems in einem Super-Computer in 500-Jahres-Schritten simuliert. 86 Tage lang war der Computer damit beschäftigt, Laskars Modell-Planetensystem für die nächsten 200 Millionen Jahre zu berechnen.

Heraus kam, daß die Bahnen der inneren Planeten schon nach einigen Millionen Jahren unsicher werden. Selbst bei einer nur um 15 Meter ungenauen Positionsbeschreibung der Erde, wäre es unmöglich ihre Bahn über mehr als 100 Millionen Jahre hinweg vorauszusagen. Die gegenseitigen Schwerkrafteinwirkungen können sich ins Chaos schaukeln. Damit ist zwar nicht gesagt, daß die Erde aus dem Sonnensystem fliegt, sondern nur, daß ihre Bahn um die Sonne erheblich schwanken kann. Der Weg der Erde über einen längeren Zeitraum ist nicht vorhersagbar.

200 Millionen Jahre – das ist für uns Sterbliche schon fast eine Ewigkeit. Und so mag uns die Bahn der Erde als sehr stabil vorkommen. Aber für die Erde selbst, die immerhin schon mehr als viereinhalb Milliarden Jahre existiert, sind 200 Millionen Jahre ein relativ eng umgrenzter Zeitraum, gerade mal vier Prozent des Erdalters.

Und was für die Zukunft der Erdbahn gilt, gilt übrigens auch für die Vergangenheit. Der Versuch der Klimaforscher, das Klima der Erde über mehrere Millionen Jahre zurückzuverfolgen, scheitert am Chaos. Manche Wissenschaftler führen Klimaveränderungen auf die leichten Schwankungen des Erdradius beim Umlauf um die Sonne zurück. Die verschiedenen Sedimentschichten der Erde demonstrieren diese wechselnden klimatischen Bedingungen. Wenn jedoch die exakte

Position der Erde für diese Zeit überhaupt nicht bestimmbar ist, wie es die Rechnungen von Laskar nahelegen, so kann man auch die Sedimentschichten nicht mehr richig zuordnen. Eine darauf aufbauende Klimatheorie wird notwendig um so falscher, je weiter sie in die Vergangenheit zurückreicht.

Daß sich Himmelskörper tatsächlich auf chaotischen Bahnen bewegen können, wissen wir, seit die Raumsonden Voyager die nähere Umgebung unseres Sonnensystems erkunden. Dabei haben die Voyager-Sonden auch Hyperion näher untersucht, einen der vielen kleinen Monde des Saturn. Hyperion benötigt 21 Tage, um den Saturn einmal zu umkreisen, vielmehr um ihn »herumzutaumeln«. Wegen seiner komischen Form – sie erinnert mehr an eine Kartoffel als an eine Kugel – torkelt er um den Saturn so chaotisch herum, daß es Voyager nicht möglich war, ihn näher zu untersuchen. Seine Bahn läßt sich nicht berechnen. Er bewegt sich mit unvorhersagbaren und unvermuteten Richtungsänderungen und Geschwindigkeitsvariationen. Wenn wir auf diesem Mond leben würden, wäre es wegen seines Getorkels nicht möglich, den Sonnenaufgang vorherzusagen – weder die Zeit noch den Ort, wo die Sonne am Horizont des seltsamen Mondes aufleuchten würde. Wann es Tag wird und wann Nacht, wie lange der Sommer dauert und der Winter – es wäre immer von neuem eine spannende Überraschung. Planen wäre auf diesem Chaos-Planeten äußerst erschwert.

Wie stabil also ist unser Sonnensystem? Chaos bedeutet nicht notwendig auch Instabilität, sondern zunächst nur begrenzte Vorhersagbarkeit. Chaos engt den Blick, den wir in die Zukunft werfen können, ein auf ein paar Dutzend Jahrmillionen. Innerhalb dieses Blickwinkels läßt sich sagen: Auch in ein paar Dutzend Jahrmillionen wird sich die Erde noch in gebührendem Abstand um die Sonne drehen, aber ob sie das auch in einer Milliarde Jahre noch tun wird – niemand kann es sagen, zumal noch nicht klar ist, wie sich der Sonnenwind, galaktische Gezeitenkräfte, nahe Sterne, die Milchstraße und andere Galaxien auf das Planetensystem auswirken. Wenn, wie in einem früheren Kapitel gezeigt wurde, schon ein Elektron am Rande der Milchstraße den Lauf einer Billardkugel zu beeinflussen vermag – wer will dann noch Überraschungen beim Lauf dieser Welt ausschließen?

Daß die Erde also eines Tages in die Sonne stürzt oder aus ihrer Bahn katapultiert wird – kann sein oder auch nicht. Die Zukunft ist unvorhersagbar.

Der chaotische Wasserhahn

Man muß nicht bis in den Weltraum gehen, um die Wirkungen des Chaos in der Welt zu erkunden. Ein ganz einfacher Wasserhahn erfüllt schon den gleichen Zweck. Der Physiker Robert Shaw von der Universität von Kalifornien in Santa Cruz verbrachte tatsächlich Monate und Jahre mit der Beobachtung eines tropfenden Wasserhahnes. »Es handelt sich um ein einfaches Beispiel für ein System, das von einem berechenbaren Verhalten in ein unberechenbares umkippt«, erkannte Shaw Ende der siebziger Jahre. Dreht man den Hahn ein kleines bißchen auf, dann tropft er, und zwar regelmäßig. Dreht man aber nur ein kleines bißchen stärker auf, tropft er unregelmäßig. Man kann die Tropffolge nicht mehr voraussagen.

Obwohl es sich um eine Versuchsanordnung handelt, die an Einfachheit kaum noch zu überbieten ist, ist es physikalisch ein hoffnungslos kompliziertes System. Wer versuchte, die Tropffolge annähernd vorauszuberechnen, müßte folgende Größen berücksichtigen: die Geschwindigkeit des Durchflusses, die Viskosität des Wassers und dessen Oberflächenspannung, die von der Härte des Wassers abhängt, und zu guter Letzt die dreidimensionale Form des Tropfens. Allein die Berechnung dieser Form war »eine Herausforderung für modernste Computer«, sagte Shaw, denn die Form blieb zu keinem Zeitpunkt konstant, sondern änderte sich fortwährend. So ein Tropfen ist eine kleine elastische Tasche, die hierin und dorthin oszilliert, an Masse zunimmt, ihre Wände dehnt, bis sie einen kritischen Punkt überschreitet und vom eigenen Gewicht gezogen abreißt und herunterfällt.

Die Geschwindigkeit, mit der der Tropfen fällt und der Zeitpunkt, zu dem er fällt, wirken auf den nächsten sich bildenden Tropfen. Es liegt also eine Rückkopplung vor. Der tropfende Wasserhahn ist ein dynamisches System mit komplexem Verhalten. Ein Physiker, der dieses Verhalten mathematisch erfassen wollte, würde sich in einem undurchdringlichen Geflecht nichtlinearer partieller Differentialgleichungen hoffnungslos verheddern.

Darum sah Shaw von all diesen komplizierten Bedingungen ab und konzentrierte sich nur auf die Tropffolge. Er schickte in den Weg der fallenden Tropfen einen Lichtstrahl. Wurde er von einem Tropfen unterbrochen, hielt ein angeschlossener Computer den Zeitpunkt fest. Es ergab sich ein chaotisches System. Zuerst tropfte es regelmäßig. Eine Erhöhung des Durchflusses führte zu periodenverdoppelnden Bifurkationen. Die weitere Erhöhung mündete ins Chaos. Kleinste Störungen, etwa die von einem vorbeigehenden Studenten ausgelöste Vibration des Fußbodens, führten zu ganz anderen zeitlichen Folgen. Demonstriert wurde damit, daß schon ganz einfache Systeme komplexes und chaotisches Verhalten zeigen können. Damals, Ende der siebziger Jahre, war das eine ziemlich große Überraschung.

Andere Physiker experimentierten später mit Pendeln. Zum Beispiel ließen sie ein Metallpendel über vier quadratisch angeordnete Magneten schwingen. Es zeigte sich, daß sich nicht vorhersagen läßt, über welchem Magneten das Pendel zum Stillstand kommen wird. Der Ruhepunkt und die Dauer des Schwingungsvorgangs hängen empfindlich von den Anfangsbedingungen, also dem Startpunkt des Pendels ab. Äußerst eng benachbarte Startpunkte führen zu verschiedenen Endpunkten. Das einfache System ist dynamisch, komplex, unvorhersagbar, chaotisch.

Selbstorganisation: die Ordnung aus dem Chaos

Eines der großen Rätsel der Wissenschaften lautet: Wie ist es möglich, daß etwas so Hochkomplexes wie die lebende Zelle aus primitiven Strukturen und einfachen chemischen Verbindungen von selbst entsteht? Die Evolutionstheoretiker sagen, die Entstehung der Zelle sei ein zufälliges, zugegeben sehr unwahrscheinliches Ereignis gewesen, aber man müsse bedenken, daß die Evolution ja fast unendlich viel Zeit gehabt habe, aus der Ursuppe eine Zelle hervorzubringen.

Es wird wohl so gewesen sein, und doch: Der menschliche Verstand sträubt sich, so etwas anzunehmen. Man stelle sich vor, in einer Druckerei finde eine Explosion statt, und danach werde alles in dieser Druckerei Milliarden Jahre lang durcheinandergewirbelt. Glaubt jemand im Ernst, aus diesem Tohuwabohu könne zufällig ein Buch entstehen? Eine Zelle ist aber etwas viel Komplexeres als ein Buch. Und die soll nun zufällig entstanden sein. Schwer zu glauben.

Widerspricht nicht schon der zweite Hauptsatz der Thermodynamik dieser Vorstellung? Dieser fundamentale Lehrsatz besagt doch, daß zwar aus Ordnung Unordnung entstehe, nicht aber aus Unordnung Ordnung. Jedes Kinderzimmer, jedes Auto und jeder Fluß ist ein Beweis für diesen zweiten Hauptsatz. Ein Kinderzimmer kann noch so gut aufgeräumt sein – es müssen nur ein paar Kinder einige Stunden lang darin spielen, und schon erhält man das schönste Chaos, wohingegen man nie erleben wird, daß sich ein unaufgeräumtes Kinderzimmer durch das Spiel der Kinder in ein aufgeräumtes verwandelte. Ein Auto, selbst wenn es nie gefahren und nie den Witterungen der Straße ausgesetzt würde, verwandelte sich trotzdem im Lauf der Zeit unerbittlich in einen Rosthaufen. Aber nie verwandelt sich der Rosthaufen in ein nagelneues Auto mit zwei Jahren TÜV. Das wäre ja so, als ob Wasser plötzlich bergauf flösse.

Um so erstaunlicher muß uns die Existenz der Zelle erscheinen. Um so erstaunlicher ist es, daß es Leben gibt, daß aus einem chaotischen Gemenge aus Erde und Mist Rosen wachsen. Das Leben scheint dem zweiten Hauptsatz der Thermodynamik zu widerstehen. Wie ist das möglich? Das ist möglich, so wird seit einigen Jahrzehnten immer deutlicher, weil die Materie, auch die tote, mit so etwas wie der Fähigkeit zur Selbstorganisation begabt ist. Schon ein ganz einfaches Experiment zeigt, was gemeint ist. Erwärmt man eine Flüssigkeit in einer Schale von unten, so geschieht zunächst nichts. Die Flüssigkeit ruht. Bei weiterer Erhöhung der Temperatur geschieht dann etwas Überraschendes: die Flüssigkeit setzt sich in Bewegung, und zwar nicht wild durcheinander, sondern geordnet in Form von Rollen. Das Überraschende daran ist, daß die Bewegung vieler Milliarden Flüssigkeitsmoleküle organisiert erscheint, so, als hätten sie sich abgesprochen.

Natürlich beruht die geordnete Bewegung nicht auf Absprache, sondern auf handfesten Naturgesetzen, zum Beispiel auf dem Gesetz, daß sich Materie durch Erwärmung ausdehnt. Die erhitzte Flüssigkeit dehnt sich also aus. Dadurch wird ihr spezifisches Gewicht geringer und darum strebt sie jetzt nach oben, während gleichzeitig die kälteren und deshalb schwereren Schichten an der Oberfläche nach unten wollen. Durch die Erwärmung entstehen so zwei gegenläufige Bewegungen zwischen kalten und warmen Schichten, und das muß irgendwie organisiert werden. Zunächst geschieht das probeweise, durch kleine Schwankungen. Die Flüssigkeit »testet« verschiedene Bewegungsmöglichkeiten, indem sie immer wieder kleine erwärmte Teile nach oben schickt und kältere nach unten sinken läßt. Schon nach kurzer Zeit findet sie so die günstigsten Verhältnisse mit den geringsten Reibungsverlusten heraus, was zur Folge hat, daß immer mehr Flüssigkeitsteilchen in diese Bewegung mit hineingezogen werden und andere, eben noch vorhandene Bewegungsmuster rasch verschwinden.

Diese spontane Selbstorganisation in erwärmten Flüssigkeiten hält allerdings nur so lange an, so lange man nicht die Temperatur drastisch weiter erhöht. Tut man dies, so drehen sich die Rollen immer schneller und schneller und gehen schließlich in ein chaotisches Sprudeln über. Die Flüssigkeit kocht. Kühlt man wieder ab, zeigen sich wieder die Rollen.

Man findet solche selbstorganisierten Prozesse praktisch überall in der Natur. Die eben genannte, durch Temperatur- und Dichteunterschiede hervorgerufene Konvektion organisiert die Luftströme in der Erdatmosphäre ebenso wie die Strömungen in Flüssen, Seen und Ozeanen. Der Passat, der Monsun, der Mistral, der Scirocco und zahlreiche andere Winde beruhen auf diesem Phänomen. Wolkenbildungen, die Bildung von Schneeflocken und die Entstehung von Hoch- und Tiefdruckgebieten beruhen ebenfalls auf diesem Prinzip.

Selbstorganisierte Strukturen entstehen auch bei der Magnetisierung und im Laserlicht und auch bei bestimmten chemischen Prozessen. Diesen Prozessen wenden wir uns im nächsten Kapitel zu.

Oszillierende chemische Reaktionen

In diesem Kapitel sind wieder ein paar Erinnerungen an die Schule gefragt, diesmal an den Chemie-Unterricht. Jeder weiß noch: Der Lehrer, meist im weißen Mantel, stand hinterm Bunsenbrenner, hielt ein Reagenzglas in der Hand und schüttete etwas hinein, meistens eine farblose Flüssigkeit. Dann schüttete er etwas zweites hinein, und plötzlich färbte sich die Flüssigkeit rot. Oder blau. Oder es bildeten sich Nebelschwaden. Oder es stank. Oder es krachte. Das war der Chemie-Unterricht. Und wie schon im Mathematik-Unterricht wurde uns auch in der Chemie etwas Wesentliches vorenthalten. Das holen wir hiermit nach.

Wir nehmen also ein Reagenzglas und schütten etwas hinein: drei Lösungen, eine mit Kaliumjodat, eine mit Wasserstoffperoxyd in verdünnter Perchlorsäure und eine mit Mangansulfat in Malonsäure. Als Indikator geben wir noch ein bißchen Stärke hinzu. Und nun passiert etwas erstaunliches: Zunächst tut die Flüssigkeit etwas, was noch nicht sehr überrascht und was wir vom Chemie-Unterricht kennen, sie schlägt nach blau um. Aber während im Chemie-Unterricht das Experiment damit beendet war und sich nichts mehr tat im Reagenzglas, macht diese Mischung nun weiter. Nach weiteren Sekunden färbt sich die Flüssigkeit plötzlich wieder weiß, dann goldgelb, tiefblau, wieder weiß, goldgelb, blau und so weiter. Rund eine halbe Minute lang schwingt die Flüssigkeit zwischen drei verschiedenen Farben hin und her.

Und das ist wirklich eine Sensation. So etwas dürfte es eigentlich gar nicht geben. Noch bis vor wenigen Jahrzehnten hätten die meisten Chemiker wahrscheinlich behauptet, eine Reaktion zwischen einfachen anorganischen Substanzen, die sichtbar oszilliert, verstoße gegen die Naturgesetze, chemische Reaktionen seien Einbahnstraßen: Von miteinander reagierenden Substanzen eines chemischen Prozesses erwartet man, daß der Prozeß so lange stetig weiterläuft, bis die beteiligten Elemente und Verbindungen verbraucht sind.

Nun tauchten schon im späten 19. Jahrhundert Berichte über oszillierende chemische Reaktionen auf. Aber diese Berichte wurden von der großen Mehrheit der Chemiker mit dem Argument niedergebügelt, daß die beschriebenen Reaktionen nicht reproduzierbar seien. Man tat sie ab als Reaktionen, die von außen durch irgendwelche Störfaktoren beeinflußt wurden. Man warf also den betreffenden Chemikern vor, ihr Experiment nicht ganz unter Kontrolle zu haben.

Das große Widerstreben, die Existenz oszillierender Reaktionen anzuerkennen, hat seine Ursache wiederum im zweiten Hauptsatz der Thermodynamik. Auch chemische Reaktionen unterliegen diesem Gesetz. Reagieren zwei Stoffe miteinander, wird Energie frei, und dieser Prozeß ist unumkehrbar. Die Vorstellung, solch ein Prozeß könne umkehren und unter Zuhilfenahme der vorher freigewordenen Energie das entstandene Reaktionsprodukt wieder in die Ausgangsprodukte zurückverwandeln, käme der Vorstellung gleich, die bei einem Bremsvorgang freigewordene Wärmeenergie organisiere sich so, daß sie ein gebremstes Auto wieder beschleunige.

Der russische Chemiker B.P. Belousov demonstrierte 1958 eine chemische Reaktion, bei der genau diese Verrücktheit am Werk zu sein schien. Als er Zitronensäure und Schwefelsäure zusammen mit Kaliumbromat und einem Cer-Salz in Wasser löste, beobachtete er einen periodischen Farbumschlag der Lösung zwischen gelb und farblos.

Das Experiment hatte gegenüber früheren Experimenten einen großen Vorzug: Die Belousov-Reaktion ließ sich leicht reproduzieren, und ein Wissenschaftler hatte mit theoretischen Vorarbeiten der Bereitschaft, sich mit solchen Verrücktheiten auseinanderzusetzen, einen Weg gebahnt.

Ilya Prigogine von der Freien Universität Brüssel erkannte, daß die klassische Thermodynamik nur für Systeme gilt, die sowohl von ihrer Umgebung isoliert (man sagt: abgeschlossen) als auch nahe an ihrem Gleichgewichtszustand sind. Für Systeme weit weg vom Gleichgewicht – sei es, daß es sich um Reaktionen im Anfangsstadium handelt oder um »offene« Systeme, die sowohl Energie als auch Materie mit ihrer Umgebung austauschen – entwickelte Prigogine mit seinen Kollegen das Konzept der irreversiblen Thermodynamik. Für diese Leistung wurde er 1977 mit dem Nobelpreis für Chemie ausgezeichnet.

Jetzt ahnt man schon, worauf die Erklärung der im vorhergehenden Kapitel geschilderten Rollenbewegung in erhitzten Flüssigkeiten hinausläuft. Die Flüssigkeit in der Schale ist kein abgeschlossenes System, da ja von außen Wärme zugeführt wird. Genau das hat Prigogine festgestellt. In Systemen, die sich weit weg vom Gleichgewicht befinden, können eine Reihe neuer Erscheinungen, sogenannte dissipative Strukturen, auftreten. Dazu gehören auch periodische Konzentrationsschwankungen bei Zwischenprodukten chemischer Reaktionen. Die interessantesten und vielfältigsten Beispiele für offene, gleichgewichtsferne Schwingungen bieten lebende Systeme. Sie werden durch einen Stoffwechsel, die Aufnahme von Reaktanten (Nährstoffen) aus ihrer Umgebung und die Abgabe von Produkten (Abfallstoffen) an die Umgebung im Zustand des Nicht-Gleichgewichts gehalten. Kommt einer der beiden Prozesse zum Erliegen, gehen die Organismen zugrunde und die Oszillationen mit ihnen.

Belousovs Reaktion fand nicht gleich die Beachtung, die sie verdient hätte. Sie erschien in einer abseitigen, wenig gelesenen russischen Sammlung von Kurzmitteilungen über Strahlungsmedizin, und hinzu kam, daß 1958 wohl nur einige wenige Chemiker Prigogines irreversible Thermodynamik in ihrer vollen Bedeutung verstanden hatten.

Ein paar Jahre später jedoch interessierte sich A. M. Zhabotinsky vom Institut für biologische Physik bei Moskau für Belousovs Reaktion. Zhabotinsky wandelte Belousovs Rezept leicht ab. Er ersetzte die Cer- durch eine Eisenverbindung und erzielte dadurch einen beeindruckenden Farbumschlag zwischen rot und blau, und begann, die heute üblicherweise nach Belousov und Zhabotinsky als Belousov-Zhabotinsky-Reaktion bezeichnete Umsetzung systematisch zu untersuchen. Die optisch eindrucksvollste Variante, jene, die zu Beginn geschildert wurde und einen Wechsel zwischen weiß, blau und goldgelb erzeugte, fanden 1973 die beiden Lehrer Thomas S. Briggs und Warren C. Rauscher aus San Francisco.

Noch etwas macht diese Art von Reaktionen für heutige Wissenschaft so spannend: die Bildung räumlicher Strukturen in ursprünglich homogenen Medien. Zhabotinsky zum Beispiel entdeckte, daß sich in einer dünnen Schicht einheitlich roter BZ-Lösung, wenn man sie völlig in Ruhe läßt, nach einer Weile blaue Punkte bilden, die sich im Laufe der Zeit zu einem interessanten Ringmuster entwickeln.

Die Chemiker Irving R. Eppstein, Patrick de Kepper, Kenneth Kustin und Miklós Orbán experimentierten mit einer Lösung aus Chlorit, Iodid und Malonsäure und gaben Stärke als Indikator zu. Die Lösung erschien zunächst purpurrot, dann aber erschienen nach einiger Zeit weiße Punkte, aus denen konzentrische Ringe herauswuchsen und sich ausbreiteten. Trafen zwei dieser expandierenden Ringe zusammen, so löschten sie sich aus. Auch Spiralen wurden schon beobachtet, wie diese Bilder zeigen:

Abb. 21 Spiralen und Muster bei chemischen Reaktionen

Solche Muster in einer Schale mit der BZ-Lösung entstehen, wenn man mit einer Platinnadel kurz darin rührt. Der kurze Eingriff bedeutet eine kleine Schwankung. Diese verstärkt sich. Es kommt zu einer zufälligen Anhäufung roter Moleküle, die sich durch Autokatalyse nun selbst vermehren. In einem benachbarten Bereich kommt es aus genau denselben Gründen zu einer Vermehrung »blauer« Moleküle. Beide Reaktionen vollziehen sich geordnet. Es kommt zu einer spontanen Selbstorganisation aus dem Chaos. Manche Chemiker, die das beobachten, fühlen sich stark an jenen Prozeß erinnert, bei dem sich »embryonale Zellen in tierischen Organismen zu individuellen Zelltypen differenzieren, deren Bestimmung es ist, dereinst zu Blut, Gehirn oder Knochen zu werden«.

Bisher war von geordneten räumlichen und zeitlichen Strukturen in chemischen Reaktionen die Rede. In einem Buch über Chaosforschung stellt sich naturgemäß die Frage: Gibt es auch ungeordnete Strukturen, gibt es chemisches Chaos? Die vier vorhin erwähnten Chemiker bejahen die Frage. Sie haben bereits Reaktionen beobachtet, bei denen die Konzentrationen der Zwischenprodukte weder konstant bleiben noch periodisch schwanken, sondern in scheinbar zufälliger und unvorhersehbarer Weise steigen und fallen, und zwar wiederum im BZ-System.

Andere Chemiker entdeckten chaotische Schwingungen bei verschiedenen autokatalytischen Prozessen. Bei solchen Prozessen beeinflußt das Produkt einer Reaktion seine eigene Synthese, entweder im Sinne einer Beschleunigung oder einer Hemmung. Über Katalyseschleifen können sich auch zwei Stoffwechselwege gegenseitig beeinflussen. Eine hochinteressante Entdeckung haben in diesem Zusammenhang Mario Markus und Benno Hess mit ihrer Arbeitsgruppe am Max-Planck-Institut für Ernährungsphysiologie gemacht. Sie steuerten den in jeder Zelle stattfindenden Stoffwechsel-Prozeß der Glykolyse durch Zufuhr von Hexose und maßen die Glykolyserate. Dabei ergab sich folgender Zusammenhang: Wurde Hexose mit konstanter Flußrate zugeführt, so ist auch die Glykolyserate zunächst konstant, kann aber auch um den stationären Zustand mit konstanter Frequenz und Amplitude schwingen. Ändert sich jedoch die Hexosezufuhr sinusförmig, so können die Glykolyseraten und ihre Metaboliten, je nach Anfangsbedingung

- streng periodisch oszillieren,
- quasi periodisch schwingen, das heißt, es ergeben sich Schwingungen, die aus der additiven Überlagerung von zwei oder mehr periodischen Oszillationen entstehen
- oder mit völlig ungeordneter Frequenz und Amplitude chaotisch schwingen.

Und noch eine interessante Eigenschaft zeigt das System: Bei der quasi periodischen Schwingung kann eine zweifache Periodik auftreten, eine Basisperiode mit Frequenz im Minutenbereich und eine modulierende im Bereich von Stunden. Dies ist wahrscheinlich die Grundlage der »inneren biologischen Uhr«, die offenbar mit einem Stunden- und einem Minutenzeiger läuft.

Zu unserem Erstaunen treffen wir also in lebenden Systemen wieder auf das Schema, das wir bei der logistischen Gleichung und dem zugehörigen Bifurkationsmodell schon kennengelernt haben. Es gibt also drei verschiedene Reaktionstypen in lebenden Systemen:

- Reaktionen im oder nahe dem Gleichgewicht, deren Kinetik einer linearen Differentialgleichung gehorcht
- oszillierende Reaktionen mit konstanter Frequenz und Amplitude oder mit Quasiperiodik und
- chaotische Reaktionen.

Worin liegt der Sinn dieser drei Reaktionstypen? Wolfgang Gerok, Direktor der Medizinischen Klinik der Universität Freiburg, meint, die geordneten Reaktionen verleihen den biologischen Systemen Stabilität und Konstanz. Die oszillierenden dienen als extrem »stoßfeste innere Uhr«, und die chaotischen Reaktionen verleihen lebenden Systemen ihre Flexibilität, ermöglichen ihnen die rasche Anpassung an veränderte Umweltbedingungen durch Versuch und Irrtum und die Kreation neuer Eigenschaften des Systems.

Eppstein, de Kepper, Kustin und Orbán vertreten die Ansicht, das Umkippen von einem Zustand in einen anderen, das typisch für derartige Reaktionen sei, berge vielleicht den Schlüssel zum Verständnis von Regulationsvorgängen in lebenden Zellen, etwa des An- und Abschaltens von Genen oder der Muskelkontraktion. Sie zitieren einen

Wissenschaftler, der fragt: Könnte es nicht sein, »daß Chaos das Leben zeugt, die Ordnung dagegen die Lebensweise«?

Ordnung und Chaos als Elemente von Gesundheit und Krankheit

Wer krank ist, geht zum Arzt und sagt: »Herr Doktor, mit mir ist irgend etwas nicht in Ordnung.« Das könnte ein Irrtum sein. Es könnte sein, daß das Gegenteil wahr ist. Möglicherweise fehlt es dem Patienten nicht an Ordnung, sondern an Chaos. Die Osteoporose, der Knochenschwund, ist so eine Krankheit, deren Ursache im Mangel an Chaos liegt. Knochenschwund entsteht durch Abbau anorganischer und organischer Substanzen im Knochen. Er verliert seine Festigkeit, bricht schon bei geringen Erschütterungen, in schweren Fällen sogar spontan.

Die Suche nach den Ursachen ist kompliziert, denn Knochengewebe unterliegt einem ständigen Auf- und Abbau. Eine wichtige Steuerungsfunktion übt in diesem Prozeß das Parathormon aus. Es wird von den Nebenschilddrüsen gebildet. Wieviel von dem Hormon gebildet und in den Kreislauf gepumpt wird, hängt von der Calcium-Konzentration im Blut ab. Ist diese niedrig, weil etwa Calciumsalze über die Nieren verlorengehen, produziert die endokrine Drüse vermehrt das Parathormon und schüttet es aus. Das Parathormon sorgt für einen Abbau von Knochensubstanz, wobei Calcium freigesetzt und in den Blutkreislauf gebracht wird. Die Calciumkonzentration normalisiert sich wieder.

Es lag nahe, Osteoporose durch Mangel an Calcium oder Parathormon verursacht zu sehen. Alle Untersuchungen, die das beweisen wollten, verliefen erfolglos. Auch bei Patienten mit schwerster Osteoporose waren die Konzentrationen an Calcium und Parathormon normal. Das Bild wendete sich erst, als der Konstanzer Mediziner, Professor R. Hesch, und dessen Mitarbeiter auf die Idee kamen, die Calcium- und Parathormon-Konzentrationen in kurzen Abständen von zwei Minuten zu messen. Da ergab sich: Beim Gesunden schwanken die Konzentrationen des Parathormons deterministisch chaotisch. Der Verlust dieser chaotischen Schwankung, das heißt Erstarrung in einer Ordnung, führt zu Osteoporose. Das Beispiel zeigt, daß beim Gesunden eine Ordnung, repräsentiert durch die konstanten mittleren Konzentrationen von Calcium und Parathormon, mit einem chaotischen Verhalten, gekennzeichnet durch die regellosen Schwankungen in kleinen zeitlichen Abständen, kombiniert sein muß.

Ähnliche Phänomene, so sagt Wolfgang Gerok, Direktor der Medizinischen Klinik der Universität Freiburg, also »Verlust der normalen chaotischen Schwankungen und Erstarrung in einer Ordnung, sind auch bei anderen endokrinen Erkrankungen, bei Störungen der Herztätigkeit, der Atmung und im Elektroenzephalogramm (EEG) bei Erkrankungen des Nervensystems nachgewiesen worden«. Ein weiteres Beispiel scheint die Epilepsie zu sein, wie der Vergleich der beiden folgenden Elektroenzephalogramme, einer grafischen Darstellung der Messung von Gehirnströmen, nahelegt:

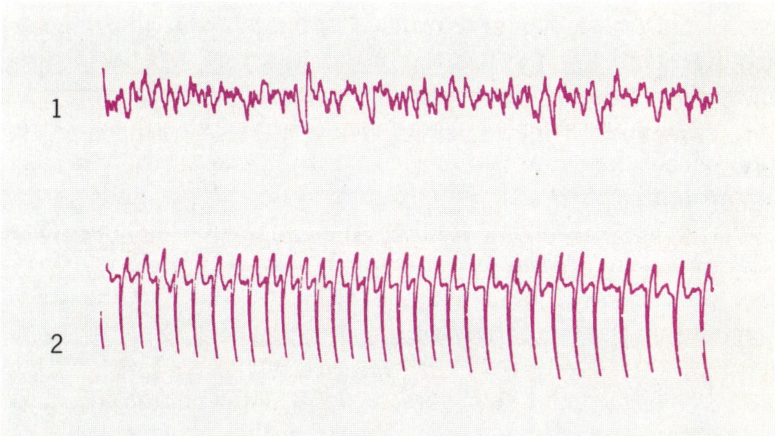

Abb. 22 Elektroenzephalogramm bei einem gesunden Menschen (1) und während eines epileptischen Anfalls (2)

Die Leukämie scheint ebenfalls auf einem Zuviel an Ordnung zu beruhen. Beim Gesunden schwankt die Zahl der Neutrophilen, einer bestimmten Art weißer Blutkörperchen, chaotisch. Bei Leukämie jedoch steigt und fällt diese Zahl periodisch in vorhersagbaren Zyklen.

Es gibt indes auch Beispiele für Krankheiten, die auf einem Zuviel an Chaos beruhen, so etwa bei der Cholestase. Hier kann es, durch Mechanismen, die noch nicht ganz geklärt sind, zu einer Einschränkung des Gallenflusses kommen, der zur Bildung atypischer Gallensäuren führt, die wiederum den Gallenfluß hemmen. Es liegt also ein sich selbst verstärkender Prozeß vor, der sich – ausgehend von kleinen Änderungen der Anfangsbedingungen – zu schweren chaotischen Reaktionen der Krankheit aufschaukeln kann.

Seit man weiß, daß periodische und chaotische Schwingungen im Körper des Menschen eine wichtige Rolle spielen, hat man natürlich auch das Schwingungssystem par excellence unter diesem Blickwinkel untersucht: das menschliche Herz. Haben Herzflimmern, Infarkt und plötzlicher Herztod etwas mit Chaos zu tun? Könnte es sein, daß sich der Weg in die Katastrophe über Periodenverdopplungen der Herzfrequenz vollzieht?

Der Mediziner Arnold J. Mandell von der Universität von Kalifornien trug 1989 in San Francisco vor, daß der Herzschlag von Gesunden zwar im großen und ganzen gleichförmig, jedoch von kleinen Unregelmäßigkeiten begleitet sei. Verschwinden diese Unregelmäßigkeiten bei der Kontraktion des Herzmuskels, stehe ein Herzversagen unmittelbar bevor. Zuviel Ordnung sei Ausdruck eines gestörten Herzens. Es verliere seine Fähigkeit, flexibel auf die verschiedensten Anforderungen zu reagieren. Aber auch das Gegenteil, zuviel Chaos, sei schlecht, und führe über das berüchtigte Herzkammerflimmern zum plötzlichen Sekundenherztod.

Natürlich haben verschiedene Mediziner versucht, Herzkrankheiten unter dem Aspekt der Chaostheorie zu betrachten. Diese Versuche waren anfangs auch ganz vielversprechend. Einige glaubten sogar, herausgefunden zu haben, daß dem Kammerflimmern, wie beim Bifurkationsmodell, mehrere Periodenverdopplungen des Herzschlags vorausgingen. Aber das ließ sich nicht erhärten. Zudem war es schwierig, so etwas zu messen. Wenn jemand das Kammerflimmern bekommt, ist nicht immer ein Chaosforscher anwesend, und wenn er anwesend wäre, hätten er und der Bedrohte sicher andere Sorgen, als nach Bifurkationen im Herzschlag zu suchen. Daß es dennoch fruchtbar sein kann,

Ergebnisse der Chaosforschung auf die Herzmedizin anzuwenden, wurde jedoch erst kürzlich wieder bestätigt, allerdings wieder einmal von einer völlig unerwarteten Seite: durch eine Kooperation zwischen Physikern am Max-Planck-Institut für extraterrestrische Physik in Garching bei München und Medizinern der I. Medizinischen Klinik der Technischen Universität München. Davon handelt das nächste Kapitel.

Der Urknall, das EKG und der Wunsch nach einem schnellen Ende

»Wie möchten Sie sterben?« Auf diese allwöchentlich im Magazin der Frankfurter Allgemeinen gestellte Frage antworten die meisten der Befragten kurz und bündig: »Schnell.« Die Befragten jedoch täten gut daran, etwas länger und dafür präziser zu antworten: »Schnell, aber nicht zu früh.« Der schnelle Tod nämlich, der ist vielen vergönnt. Rund 100 000 Menschen sterben bei uns jährlich am plötzlichen Herztod, rund zehnmal mehr als im Straßenverkehr, fast so viele wie an Krebs. Für fast alle der 100 000 Menschen, die dieser Sekundenherztod plötzlich und ohne jede Vorwarnung ereilt, kommt er zu früh.

Es ist ein heimtückischer Tod. Anders als beim Herzinfarkt, den ungefähr die Hälfte überleben und dessen Bedrohung lange, bevor es dazu kommt, vom Arzt sicher diagnostiziert werden kann, gibt es beim plötzlichen Herzversagen kaum eine Überlebenschance und kaum ein Indiz, das auf dieses Schicksal hinweist. Die Betroffenen laufen wie mit einem unsichtbaren Todes-Programm im Körper herum. Plötzlich startet das Programm und bringt die Zellen des Herzmuskels, die normalerweise im Takt arbeiten, unvermittelt aus dem Gleichschritt, das Herz zuckt nur noch und flimmert, pumpt kein Blut mehr, der Kreislauf bricht zusammen, und nach wenigen Minuten, manchmal schon nach Sekunden, ist alles vorbei.

Aber man muß doch bei solchen Menschen irgend etwas finden, sagt sich der Laie. Kann sich denn ein gesundes Herz innerhalb kürzester Zeit zuerst in ein krankes und dann in ein totes verwandeln? So etwas kündigt sich doch lange vorher an. Das dachten die Mediziner auch. »Aber in vielen Fällen trifft das Ereignis scheinbar völlig gesunde

Menschen oder Patienten mit zwar vorgeschädigtem, doch vermeintlich stabil funktionierendem Herzen«, sagt Georg Schmidt, Privatdozent und Oberarzt an der I. Medizinischen Klinik der Technischen Universität München. Herkömmliche diagnostische Verfahren sieben zwar etwa die Hälfte aller Betroffenen als gefährdet aus – was in der Diagnostik ein sehr mäßiges Ergebnis ist – aber von diesen wenigen als gefährdet oder gar hochgefährdet Eingestuften stirbt dann nur etwa ein Drittel tatsächlich am plötzlichen Herztod. »Behandelt man also alle als gefährdet Eingestuften, richtet man bei zwei Dritteln davon womöglich nur Schaden an, und die andere Hälfte, die wirklich bedroht ist, findet man nicht heraus«, sagt Schmidt.

Die verschiedenen elektrokardiographischen Methoden der Medizin sind hoch entwickelt. Elektrokardiogrammen (EKG) entnehmen Mediziner mit Hilfe raffinierter statistischer Methoden eine erstaunliche Fülle von Informationen. Trotzdem konnte mit den bisher verwendeten Methoden aus EKGs keine zuverlässige Information über das Risiko des plötzlichen Herztods gewonnen werden.

Ein EKG zeigt die innere Struktur, Dauer und Regelmäßigkeit von Herzschlägen an. Unter Belastung liefern diese drei Größen ein anderes Bild als unter Normalbedingungen und wieder ein anderes im Schlaf. Bei wenig Trainierten und Kranken sehen diese Größen und ihre Änderungen anders aus als bei gut Trainierten und Gesunden. Hinweise auf die Gefahr eines plötzlichen Herztodes finden sich jedoch kaum. Die Mediziner haben in ihren Datenbanken eine Fülle von EKGs längst verstorbener Patienten gespeichert. Sie suchten darin nach charakteristischen Abweichungen vom Normal-EKG, nach aus der Reihe fallenden Schlägen des Herzens, sozusagen nach »Stolperern«. Manchmal wurden sie fündig. Manchmal fanden sie sogar EKGs, bei denen solche Stolperer des Herzens vermehrt, in Paaren oder gar in Salven auftraten. Dann schauten sie nach, woran die betreffenden Patienten starben: Einige dieser Patienten mit solchen EKGs sind tatsächlich am plötzlichen Herztod gestorben. Andere jedoch sind mit ihrem stolpernden Herzen fröhlich uralt geworden. Und eine dritte Gruppe, ausnahmslos Patienten, die am schnellen Herztod starben, wies zum Teil EKGs auf, die sich kaum oder gar nicht von den EKGs Gesunder unterschieden.

Auch andere Kriterien als die Stolperer hat man nach allen Regeln der Kunst aus den EKGs herauszufiltern versucht. Mit magerem Ergebnis. Alles, wonach man suchte, wurde zwar meist gefunden, aber erschien jedes Mal wie unter Kranken und Gesunden gleichermaßen zufällig verteilt. »Das kann nicht sein«, sagte Professor Gregor Morfill, als er am Rande eines Fußballfeldes zufällig davon hörte. Für den plötzlichen Herztod müsse es eine Ursache geben, und diese Ursache, so verborgen sie auch sein möge, müsse man auch finden können. Morfill ist Physiker am Max-Planck-Institut für extraterrestrische Physik, und das Fußballfeld gehört dem FC Bogenhausen in München, darauf kickten zwei Jugendmannschaften gegeneinander, darunter der Sohn des Physikers. Morfill kam mit Professor Kurt Ulm, dem Vater eines anderen Spielers, ins Gespräch. Dieser Vater ist Statistiker an der TU München und interessiert sich für medizinische und epidemiologische Fragen. Er erzählte von seinen Problemen mit dem Ausfiltern der Herztod-Risikogruppe.

Obwohl Morfill es in seiner täglichen Arbeit mit dem Weltall und nicht mit dem Herzen zu tun hat, kam ihm das Problem bekannt vor. Es hatte etwas mit der Frage zu tun, die sich ihm bei seiner Arbeit auch immer wieder stellt, der Frage nämlich: Was ist Zufall? Bei der Lösung dieses Problems war Morfill dem Mediziner allerdings um einen entscheidenden Schritt voraus. Morfill hatte bereits die Chaostheorie verinnerlicht und sie auch schon bei seinen astronomischen Forschungen erfolgreich angewandt. Aus der Chaostheorie wußte Morfill: Zufall ist nicht gleich Zufall. Was uns als Zufall erscheint, kann tatsächlich echter (stochastischer) Zufall, kann aber auch Ordnung in der Maske des Zufalls sein. Zufall und maskierte Ordnung sind nur schwer voneinander zu unterscheiden. Vor allem die immer wieder angewandten statistischen Methoden erwiesen sich als völlig ungeeignet, das eine vom anderen zu unterscheiden.

Wenn Morfill etwa in den Sternenhimmel blickt, dann sieht er unser Planetensystem und die Sonne. Er sieht unsere Galaxie, die Milchstraße, wovon unser Planetensystem ein Teil ist. Er sieht andere Galaxienhaufen, wovon unsere Galaxie ein Teil ist, und er sieht Galaxien-Superhaufen, wovon unser Galaxienhaufen ein Teil ist. Und dazwischen befindet sich viel Nichts und scheinbares Nichts in Form von dunkler Materie und schwarzen Löchern, und man kann fragen: Warum ist dort Materie und dort nicht?

Wovon hängt die Materieverteilung im Weltall ab? Ist sie zufällig? Warum ist sie dann nicht homogen? Ist sie inhomogen, warum erscheint sie uns dann so wirr, so zufällig, so ungeordnet? Welche Kräfte steuern die Materieverteilung? Der Zufall oder etwas anderes? Wenn es etwas anderes ist, was könnte es sein?

Solche Fragen mögen manchem als die Fragen von Menschen erscheinen, die sonst keine anderen Sorgen haben, aber sie hängen eng mit der Frage nach der Entstehung des Weltalls zusammen. Das zur Zeit bevorzugte Erklärungsmodell ist die Urknall-Hypothese. Zahlreiche Beobachtungen und Meßergebnisse sind schon mit ihr in Übereinstimmung gebracht worden, aber noch nicht alle, zum Beispiel die Verteilung der Materie im Weltall. Die macht Schwierigkeiten. Aus der Urknall-Hypothese folgt eine andere Verteilung als die tatsächliche.

Aber ist die tatsächliche Verteilung wirklich richtig erkannt? Ist sie so zufällig, wie sie uns erscheint? Solche Fragen weckten Morfills Interesse für die Chaostheorie, die lehrte, wie man wirklichen, »blinden« Zufall von scheinbarem Zufall unterscheidet. Er untersuchte die Materieverteilung des Weltalls uner dem Aspekt der Chaostheorie und kam zu dem Ergebnis, daß man diese Verteilung anders verstehen müsse als man sie bisher verstanden hat. Versteht man sie aber so, wie Morfill sie schildert, dann steht die Materieverteilung des Kosmos plötzlich nicht mehr in Widerspruch zur Urknall-Hypothese, und damit verlassen wir die extraterrestrische Physik und wenden uns wieder dem eigentlichen Thema zu, dem Herz und seinem Versagen.

Das Herz ist wahrscheinlich ein deterministisch-chaotisches System, dachte Morfill, als er instinktiv sagte, aus dem EKG müsse sich mehr herauslesen lassen, als die Mediziner bisher herauslesen. Deterministisch ist es insofern, als das Herz, grob gemessen, periodisch schlägt, 60-, 70-, 80mal in der Minute, unter Belastung bis zu 200mal. Chaotisch ist es, weil die zeitliche Aufeinanderfolge von Schlag zu Schlag fast nie genau gleich ist. Die Abweichungen vom exakten Takt liefern eine komplexe Datenfülle und erscheinen zufällig.

Der Zufall im deterministisch-chaotischen System ist aber in Wahrheit kein reiner Zufall, sondern wird von irgendwelchen Gesetzen zwar unvorhersagbar und kompliziert, aber präzise gesteuert. Und diese verborgenen Gesetze, nach deren Pfeife der scheinbare Zufall tanzt, lassen sich in der Regel ausfindig machen. Chaosforscher haben deshalb ein neues Verfahren für die Analyse komplexer Daten erarbeitet, das es gestattet, echten von scheinbarem Zufall zu unterscheiden.

Die Methoden dieses Verfahrens haben nun Morfill und sein Mitarbeiter Herbert Scheingraber aufs EKG angewandt. Sie ließen sich von Georg Schmidt der TU meterweise EKGs schicken und machten sich in ihrer Freizeit darüber her. Und es ergab sich, was Morfill ahnte: Wo vorher keine Unterschiede zu sehen waren, waren nun, nach Anwendung der komplexen Datenanalyse, Unterschiede zu sehen. Im EKG stecken »geheime«, verborgene Informationen, die sich normalen statistischen Methoden nicht erschließen. Erst die aus der Chaosforschung stammende Methode der komplexen Datenanalyse macht diese Informationen sichtbar.

Was machten Morfill und Scheingraber? Sie konzentrierten sich auf das Einfachste, was das EKG liefert, den Puls, also den zeitlichen Abstand zwischen zwei Herzschlägen. Der Puls, der Schlagrhythmus, ist zwar das vordergründigste Charakteristikum der Herztätigkeit, aber er wird auf eine tausendstel Sekunde genau gemessen, ist auch am einfachsten zu handhaben, und Morfill/Scheingraber hatten nur nach Feierabend und am Wochenende Zeit, sich um die Herzen anderer Leute zu kümmern. Tagsüber rief der Kosmos.

Am Feierabend und am Wochenende schauten sie sich also EKGs an. Und dann machten sie, was vor ihnen in der Medizin noch niemand gemacht hat: Sie teilten die EKGs in Viererblöcke. Vier aufeinander folgende Pulsspitzen bildeten einen Block. In diesem Block maßen die Wissenschaftler den zeitlichen Abstand von der ersten zur zweiten, der zweiten zur dritten und der dritten zur vierten Pulsspitze. In einem dreidimensionalen Koordinatensystem, einem räumlichen Gitter – neuerdings »Phasenraum« genannt – dessen drei Richtungen diesen drei Zeitabständen entsprechen, liefern die drei Werte dann jeweils einen bestimmten Punkt.

Den Rest erledigt der Computer. Er unterteilt das ganze EKG in Viererblöcke, ermittelt die Zeitabstände der Pulsspitzen, ermittelt den zugehörigen Punkt im dreidimensionalen Phasenraum und trägt ihn ein. Auf diese Weise kommen bei einem 24-Stunden-EKG sehr viele Punkte zusammen, die eine zusammenhängende Struktur bilden. Und diese Struktur sieht bei Gesunden anders aus als bei Kranken. Das ist das sensationell anmutende Ergebnis der Morfill-Scheingraberschen Bemühungen, die sogleich in die vielversprechende Gründung eines »Zentrums für Nichtlineare Dynamik in der Kardiologie« mündeten. Darin arbeiten Morfill und Scheingraber mit Medizinern der Technischen Universität zusammen.

Solche Phasenraum-Diagramme zeigen die Variabilität der Herzschläge. Dazu Scheingraber: »Würde das Herz nach einem mechanisch-strengen, auf die tausendstel Sekunde festgelegten Takt schlagen, dann würden sämtliche Meßwerte im Verlauf eines 24-Stunden-EKGs in einen einzigen Punkt zusammenfallen – und der Patient würde sich seines Lebens nicht sehr lange erfreuen. Denn so ein ›starres‹ Herz wäre extrem unflexibel und unfähig, sich den wechselnden Anforderungen anzupassen. Würde es dagegen rein zufällig schlagen, ergäben die Meßwerte innerhalb eines bestimmten Raumvolumens eine kugelförmige Punktwolke. Bei keinem Menschen schlägt das Herz rein zufällig, denn jeder Herzschlag hat eine Ursache. Wenn aber das Herz zwar variabel, aber zugleich nach bestimmten Regeln schlägt, dann äußert sich das in einer bestimmten räumlichen Ordnung, die weder einen einzelnen Punkt, noch eine Kugelwolke ergibt.«

Die von einem gesunden Herzen gebildeten Meßpunkte bilden eine diagonal verlaufende stabförmige Wolke, ähnlich einer schlanken Zigarre. Etwas unschärfer, mehr einer dicken Zigarre ähnlich, sieht das Diagramm bei Patienten aus, die unter Herz-Rhythmus-Störungen leiden, über Jahre hinweg aber gut damit leben. Ganz anders dagegen bei Patienten mit Vorhof-Flimmern oder bei solchen, die später an plötzlichem Herztod verstorben waren: Hier bilden sich völlig diffuse, fast bizarr anmutende Muster.

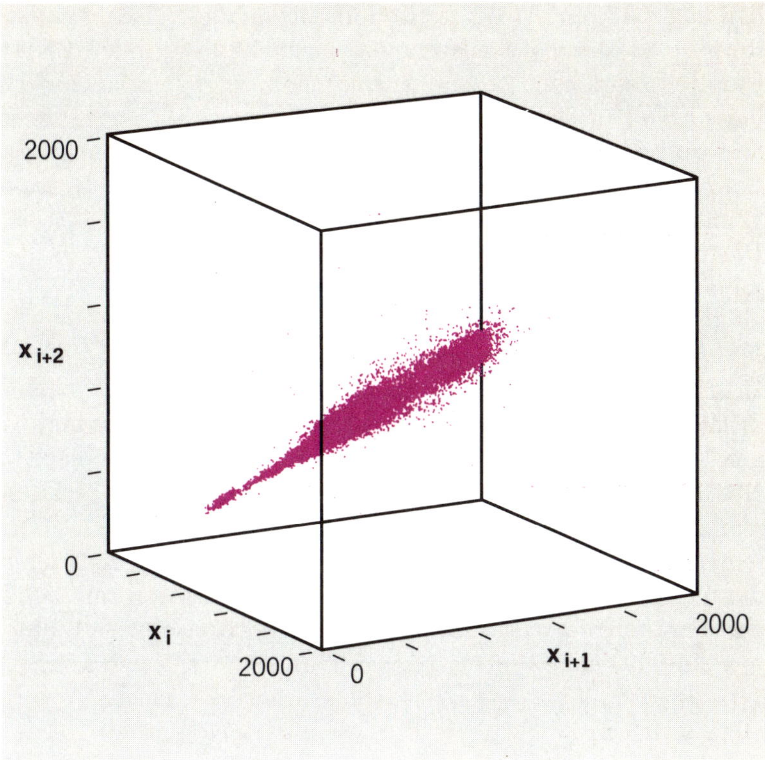

Abb. 23 Phasendiagramm eines Gesunden

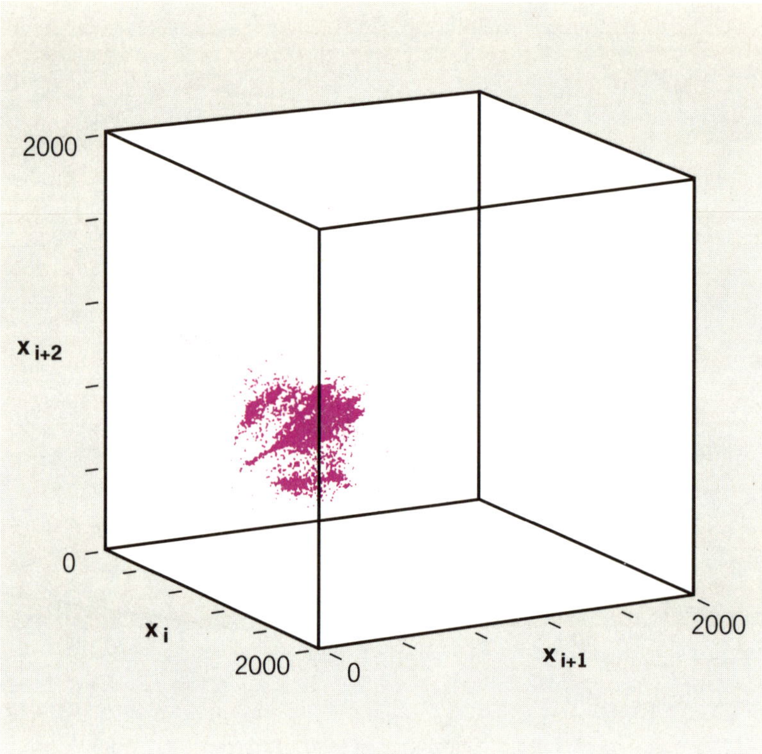

Abb. 24 Phasendiagramm eines Patienten, der am plötzlichen Herztod starb

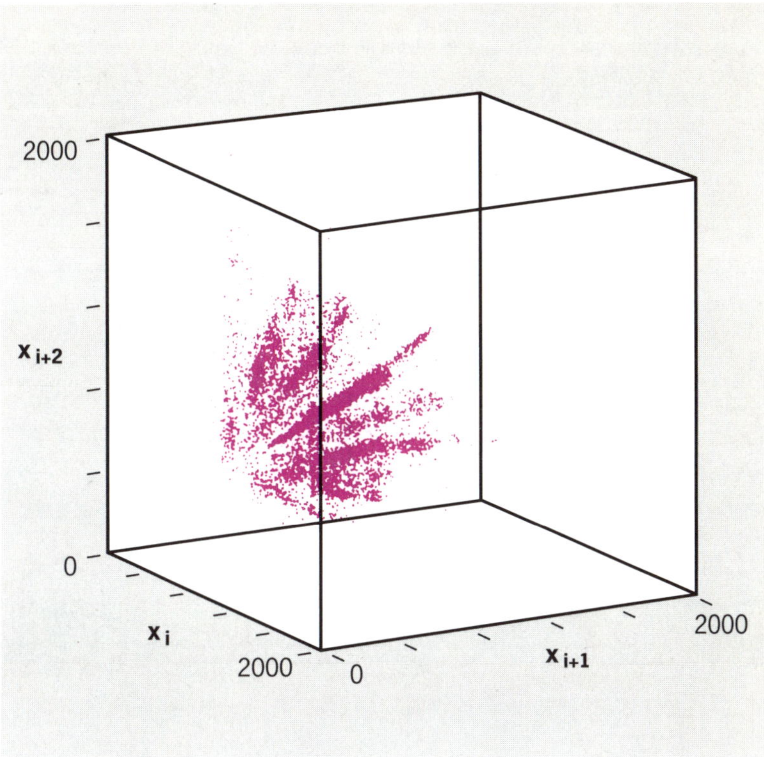

Abb. 25 Phasendiagramm eines Herzgeschädigten, der mit seinem kranken Herzen dennoch lange lebte

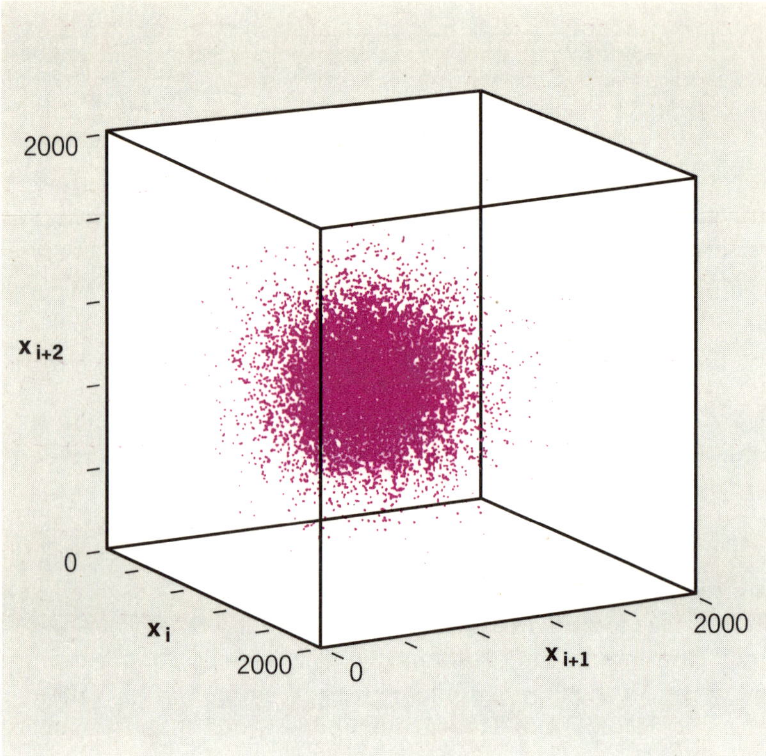

Abb. 26 Theoretisches Phasendiagramm eines Herzens, das rein zufällig schlüge

So eindrucksvoll dieser mit bescheidensten Mitteln erzielte Erfolg von Morfill, Scheingraber und Schmidt ist: Statistisch erhärtet sind ihre Untersuchungen noch nicht. Dafür war die bisherige Datenbasis zu klein, obwohl es genügend Daten gibt. Aber in der Freizeit ist so etwas natürlich nicht zu bewältigen. Darum hat Morfill, um die Entwicklung dieses Verfahrens professionell durchführen zu können, jetzt die Förderung dieses Projektes beantragt.

Diese Förderung zu versagen, dürfte schwerfallen, denn das Projekt ist gleich vierfach interessant: Erstens ist es erfolgsträchtig. Am Ende dieser Entwicklung könnte wirklich eine sichere diagnostische Methode zur Erkennung von Risikopatienten stehen.

Zweitens ist es ökonomisch. Der Forschungs- und Entwicklungsaufwand wäre im Verhältnis zum erwarteten Ergebnis vergleichsweise gering. Für wesentlich banalere Produkte, wie etwa elektronischem Schnickschnack im Auto, wird ein weit höherer Aufwand betrieben. Auch in einem zweiten Sinne wäre die Sache ökonomisch. Wie immer das dabei herauskommende Produkt aussehen wird – eine Software, eine Hardware oder beides – es wird, im Vergleich zu anderen medizinischen Apparaten, nicht teuer, und die Anwendung des Produkts im medizinischen Alltag wird ebenfalls keine hohen Kosten verursachen.

Drittens ist die Sache ausbaufähig. Wenn die Entwicklung von Komplexitätsmaßen für die Herzdiagnostik zum Abschluß gekommen ist, kann sie auf andere Gebiete angewendet werden, beispielsweise für Mustererkennung und Bildanalysen. Das heißt, man hätte eine völlig neuartige Methode, um Feinstrukturen, signifikante Muster in Röntgen-, Ultraschall- und Tomographiebildern quantitativ zu erfassen und auszuwerten. Und möglicherweise ließen sich diese Methoden auch noch auf Gebiete außerhalb der Medizin übertragen, beispielsweise auf Materialuntersuchungen, auf die Chemie, die Biologie und alle Zweige, in denen Bilder erzeugt werden – was nebenbei einen dritten beachtlichen ökonomischen Effekt hätte: Die Produktion solcher Produkte würde Arbeitsplätze schaffen, zum wirtschaftlichen Wachstum beitragen.

Aber selbst wenn es diese drei Gründe nicht gäbe, bliebe immer noch ein vierter Grund übrig, der allein schon ausreichte, das Projekt weiterzuverfolgen: Es wäre schließlich das erste Mal, daß aus der Chaosforschung ein industriell herstellbares marktfähiges Produkt entstünde.

Die Geometrie des Chaos

Ein Mathematiker entdeckt die Natur

Werner Heisenberg soll auf seinem Sterbebett gesagt haben, er habe zwei Fragen an den lieben Gott: »Warum Relativität? Und warum Turbulenz?« Er selber meinte: »Ich glaube wirklich, daß er eine Antwort auf die erste Frage haben könnte.«

Physiker mögen keine Turbulenz. Heisenberg, der davon durchdrungen war, daß die Naturgesetze schön sind und einfach, haßte die Turbulenz. An ihr vermochte er nichts Schönes zu entdecken, und Einfaches schon gar nicht. An Turbulenzen zerschellt jeder Versuch, sie mathematisch irgendwie in den Griff zu kriegen. Ein munter dahinglucksender Gebirgsbach schert sich, trotz eines festen Bachbettes und gleichbleibender Wassermenge, nichts um die Grundgleichungen der Hydrodynamik. Er fließt, wie er gerade lustig ist. Nimmt ein Wassermolekül ein Hindernis, etwa einen größeren Kiesel, indem es nach links abgleitet, so heißt das für das nachfolgende keinesfalls, es dem ersten gleichzutun und ebenfalls den linken Weg einzuschlagen. Der rechte Weg ist vielleicht genau so schön. Zwei Moleküle, die sich innerhalb eines Augenblicks so eng nebeneinander bewegen, daß nur noch ein weiteres Molekül dazwischenpaßt, können schon eine Sekunde später einen millionenfachen Abstand zueinander haben. Und das dritte, das sich zwischen ihnen befand, kann eine Sekunde später dicht bei dem einen oder dem anderen sein oder auch ganz wo anders. Berechnen läßt sich das nicht.

Turbulenzen sind etwas schwer Greifbares wie Wolken, wie Phasenübergänge, wie Blitze. Mathematiker haben es mit Geraden zu tun, mit Sinuswellen, mit Ebenen und mit regulären Körpern wie Kugeln, Kegeln und Quadern. Diese Formen sind glatt, regelmäßig, geordnet und schön. Sie haben nur einen Nachteil: Sie eignen sich nicht zur Beschreibung der Wirklichkeit. Die Wirklichkeit ist krumm, uneben, rauh, verästelt, wolkig, verhutzelt, verschrumpelt, turbulent. Einer Baumrinde kann man mit Kugeln und Quadern nicht beikommen, dem ganzen Baum auch nicht. Die Form eines Blitzes ist mit Sinuswellen nicht zu beschreiben. Wolken haben nichts Glattes,

Küstenlinien und Flußufer nichts Gerades. Mathematiker müssen die Natur hassen.

Der in den USA lebende Pole Benoît Mandelbrot ist ein Mathematiker, er liebt die Natur, und er ist in seiner Zunft nicht sehr beliebt. Unter Mathematikern galt er lange Zeit als Außenseiter, wurde von ihnen zuerst lächerlich gemacht, dann bekämpft, inzwischen widerwillig ernstgenommen, denn inzwischen ist er berühmt. Und berühmt wurde er, weil er über das Krumme, Unregelmäßige der Natur nachdachte und sich nicht damit abfinden wollte, daß es keine mathematische Sprache dafür geben sollte. Und weil er diese Sprache fand. Diese Sprache ist die fraktale Geometrie. Sie ist die Geometrie der Chaosthematik. Diese Geometrie ist das Thema des letzten größeren Abschnitts in diesem Buch.

Leben und Karriere des 1924 in Warschau geborenen und 1936 mit seinen Eltern vor den Nazis nach Paris geflohenen Mandelbrot verliefen genauso wie das, wofür er sich zeitlebens interessierte: nicht sehr geradling, seltsam unlogisch, inkonsequent, irgendwie nicht stringent, rein äußerlich betrachtet eben chaotisch. Nach dem Krieg besuchte er in Frankreich die berühmte École Normale, wechselte schon wenige Tage später zur École Polytechnique, studierte Luftfahrt, ging in die USA, kam durch den berühmten John von Neumann mit der Computerei in Kontakt, lernte aber nie Programmieren, beschäftigte sich mit Linguistik, streifte die Wirtschaftswissenschaften, auch die Physiologie, fand eine Anstellung beim Thomas J. Watson Research Center der IBM in Yorktown und betrieb auch dort Forschungen in einer ganzen Reihe unterschiedlichster Gebiete. Nur wenige Projekte schloß er wirklich ab. »Immer wieder packte mich plötzlich der Drang, ein Gebiet gerade dann zu verlassen, wenn ich mitten im Schreiben einer Arbeit war, und ein neues Forschungsinteresse in einem Gebiet aufzugreifen, über das ich gar nichts wußte« (Mandelbrot).

Im Rückblick zeigt sich freilich, daß es eine Konstante gab in all diesem sprunghaften Hin und Her: Mandelbrot, ein durch und durch visueller Typ, interessierte stets der bildhafte Aspekt eines Problems. Das war schon an der Schule so. Er erzählt, bei der Aufnahmeprüfung für die berühmte französische École Polytechnique unfähig gewesen zu sein, die algebraischen Aufgaben zu lösen. Denoch habe er die beste Note erreicht – weil er sich die Aufgaben im Geist in Bilder übersetzen konnte. Später erwies er sich als sehr geschickt darin, Programmierern beim Aufspüren von Programmfehlern behilflich zu sein, indem er die falschen Bilder analysierte, die von solchen Programmen erzeugt wurden. Selber programmieren kann er noch immer nicht. Wohl aber kann er Programmierern ein Problem so anschaulich schildern, daß diese wissen, was und wie sie zu programmieren haben.

Vor 30 Jahren war ihm das alles noch nicht so klar. Er folgte einfach seinen Instinkten. So war er beispielsweise einmal zu einem Gastvortrag bei Wirtschaftswissenschaftlern in Harvard eingeladen. Dabei entdeckte er an der Tafel ein Diagramm, das ihn faszinierte. Das Diagramm stellte die lückenlose Entwicklung der Baumwollpreise an der New Yorker Börse über zwei Weltkriege, eine Wirtschaftsdepression und zwei schwarze Freitage dar. Tagesschwankungen waren ebenso dokumentiert wie das langfristige Auf und Ab. Er nahm das Diagramm mit nach Hause. Daheim verglich er die jährlichen mit den täglichen Schwankungen, die wöchentlichen und monatlichen mit den Jahrzehnte dauernden und sah, was andere vor ihm auch schon gesehen hatten, aber für nicht der Rede wert hielten: Welches Teilstück der Kurve man auch vor sich hatte – man konnte nie sagen, welchen Zeitraum das Teilstück repräsentierte, die Schwankungen eines Tages, die einer Woche, eines Monats, eines Jahres oder eines Jahrzehnts? Sie ähnelten alle einander.

Niemand wußte mit dieser Tatsache etwas anzufangen. Mandelbrot zunächst auch nicht. Aber die Tatsache faszinierte ihn, beschäftigte ihn mehr unbewußt als bewußt weiter und kam wieder hoch, als er für die IBM ein Problem bei der telefonischen Übertragung von Computerdaten lösen sollte. Unregelmäßig auftauchende Nebengeräusche im Telefonnetz vernichteten immer wieder ganze Bündel von Daten. Die Fehler traten nach einem undurchschaubaren Muster auf. Die Ingenieure dachten, sie seien zufälig, untersuchten sie mit normalen statistischen Methoden und kamen damit nicht weiter. Mandelbrot glaubte nicht an Zufall, suchte nach der Ordnung hinter dem für ihn scheinbaren Chaos.

Zeitabschnitten, in denen sich die Fehler häuften, folgten fehlerfreie Abschnitte, denen folgten wieder größere und kleinere Fehlerperioden. Mandelbrot fühlte sich zunächst an die Baumwollpreise erinnert, dann an ein mathematisches Gebilde, das er schon lange kannte, den Cantor-Staub. Das war es. Mandelbrot wies nach, daß die Fehlerverteilung nicht, wie alle Welt annahm, einer statistischen Zufallswahrscheinlichkeit entsprach, sondern dem Schema einer »Cantor-Menge« folgte, benannt nach dem deutschen Mathematiker Georg Cantor, der diese Menge im 19. Jahrhundert beschrieb.

Diese Menge, auch »Cantor-Staub« genannt, entsteht, wenn man aus einer durchgehenden Linie das mittlere Drittel entfernt, aus den verbleibenden zwei Linien wieder das mittlere Drittel entfernt und so fort. Die ersten sechs Schritte dieser Konstruktion sehen so aus:

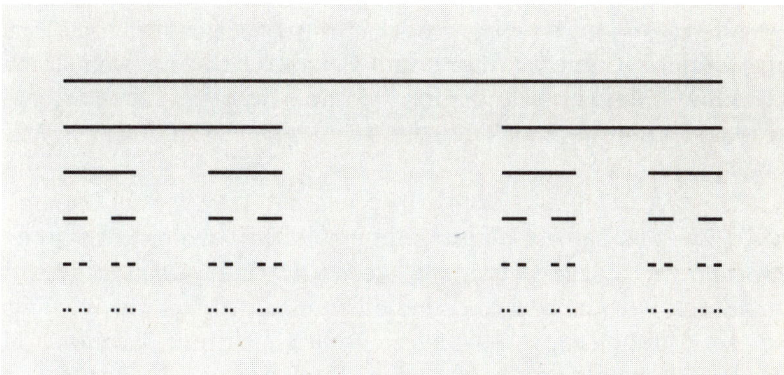

Abb. 27 Die ersten sechs Konstruktionsschritte zum Cantor-Staub

Setzt man dieses Verfahren unendlich oft fort, erhält man einen merkwürdigen Staub von Punkten, zu Bündeln geordnet, unendlich viele, doch unendlich dünn gestreut. Die Punkte wirken wie zufällig verteilt, folgen tatsächlich aber einem genau definierten Verteilungsschema, eben jenem Schema, das entsteht, wenn man das Konstruktionsverfahren – Entfernen eines Drittels einer Linie – unendlich oft auf sich selber anwendet. Genau demselben Schema, so erkannte Mandelbrot, folgten die Störungen in den Telefonleitungen. Jeder Punkt dieses

Cantorstaubs entsprach einer Störung, die leeren Räume dazwischen den Perioden der fehlerfreien Übertragung. Die Erkenntnis half Mandelbrot, ein Modell zu entwickeln, das die Störungen minimierte.

Mandelbrot war es damit gelungen, einer als Zufall getarnten Ordnung die Maske vom Gesicht zu reißen. In weniger dramatischen Worten nennt man das »komplexe Datenanalyse«, ein Verfahren ähnlich dem, mit dem die im vorigen Kapitel genannten Physiker und Mediziner den Zufälligkeiten eines vom plötzlichen Tod bedrohten Herzens zu Leibe rücken.

Daß Mandelbrot so früh auf die Idee kam, Zufall von scheinbarem Zufall zu unterscheiden, war kein Zufall, interessierte er sich doch schon als Schüler für jene Gebilde der Mathematik, die ordentliche Mathematiker zutiefst verabscheuten, ‚weil sie oft nicht stetig und nicht differenzierbar sind und darum tatsächlich als »antiintuitiv«, »monströs«, »pathologisch« oder gar »psychopathisch« bezeichnet wurden. Solche »Monster« sind zum Beispiel Koch-Kurven, Koch-Schneeflocken, Menger-Schwämme, Peano-Kurven, Sierpinski-Dreiecke, Julia-Mengen und das berühmteste aller Monster, die Mandelbrotmenge.

Alle diese Gebiete sind Fraktale. In den nächsten Kapiteln werden wir diese seltsamen geometrischen Gebilde vorstellen und erklären, warum sie Fraktale heißen, doch vorher ein Wort zum Grund dieser Vorstellung. Warum soll man sich mit solchen »Monstern« beschäftigen? Wozu haben sich Mathematiker so etwas überhaupt ausgedacht?

Mandelbrot erzählt gern mit leiser Ironie, daß diese Gebilde von den Mathematikern dazu benutzt wurden, um nachzuweisen, daß der Variantenreichtum der reinen Mathematik weit über die einfachen, in der Natur sichtbaren Strukturen hinausgeht. Die Mathematik des 20. Jahrhunderts lebte in dem Glauben, die von ihren natürlichen Ursprüngen abgesteckten Grenzen vollständig überschritten zu haben. »Doch die Natur«, kontert Mandelbrot, »hat mit den Mathematikern ihren Spaß getrieben. Vielleicht fehlte es den Mathematikern des vorigen Jahrhunderts an Vorstellungskraft, der Natur jedenfalls nicht.« Es erwies sich nämlich, daß genau jene erfundenen Monster den natürlichen, uns umgebenden Objekten innewohnen.

Mit anderen Worten: Die Natur ist fraktal strukturiert. Die fraktale Geometrie kam hinter das Geheimnis, wie die Natur ihre komplizierten Formen baut. Die fraktale Geometrie entdeckte, daß die komplizierten Formen der Natur meistens nach ganz einfachen Verfahren gebaut werden. Diese einfachen Verfahren sind im Grund geometrische Iterationen. Eine ganz bestimmte Konstruktionsvorschrift wird immer wieder auf sich selber angewandt. Hierin liegt die Verwandtschaft zur Chaosmathematik. Es ist erstaunlich, welche Formenvielfalt sich damit erzielen läßt.

Im nächsten Kapitel wollen wir sehen, was dabei herauskommt, wenn man eine bestimmte einfache Konstruktionsvorschrift immer wieder auf sich selber anwendet.

Künstliche Fraktale

Im Jahr 1904 wollte der schwedische Mathematiker Helge von Koch eine Kurve beschreiben, die sich nicht differenzieren läßt, das heißt, eine Kurve, die an keinem ihrer Punkte eine Tangente zuläßt. Für diese Kurve gab er folgende Konstruktionsvorschrift an:

Man beginnt mit einer geraden Linie. Diese zerlegen wir in drei gleiche Teile, ersetzen das mittlere Drittel durch ein gleichseitiges Dreieck und entfernen dessen Grundlinie. Im nächsten Schritt zerlegen wir jede verbleibende Gerade wieder nach dem gleichen Verfahren, danach wieder und so fort. Das wird unendlich oft wiederholt. In der Praxis wird man natürlich abbrechen, sobald das längste Liniensegment kürzer geworden ist als die Dicke des Bleistiftstrichs. Schon nach fünf Wiederholungen ist man diesem Stadium sehr nahe, wie die Abbildung auf der folgenden Seite zeigt.

Abb. 28 Koch-Kurve vom ersten bis fünften Zwischenschritt

Natürlich ist die obere Kurve noch nicht die Koch-Kurve, sondern nur der fünfte Zwischenschritt in einer Reihe von unendlich vielen Schritten zur Konstruktion dieser Kurve. Für das bloße Auge allerdings ändert sich ab dem sechsten Schritt nicht mehr viel, wie die nächste Abbildung zeigt:

Abb. 29 Koch-Kurve nach fünf und nach zwanzig Zwischenschritten

Die obere Kurve zeigt das Ergebnis der Konstruktion nach fünf Schritten, die untere nach 20 Schritten, für unser Auge besteht kaum noch ein Unterschied. Dabei ist klar, daß auch die untere Kurve noch nicht die wirkliche Koch-Kurve ist. Um die Kurve zu erhalten, müßte man weiter machen, zunächst mit der Lupe, dann mit dem Mikroskop mit immer feineren Strichstärken. In der Realität käme man damit trotzdem nie an ein Ende. Die Koch-Kurve ist eine Grenzfigur.

Was weiß man über die Eigenschaften dieser Koch-Kurve? Koch wollte eigentlich eine Kurve beschreiben, die sich nicht differenzieren läßt, das heißt, eine Kurve, die an keinem ihrer Punkte eine Tangente zuläßt. Bei Kurven, die Ecken aufweisen, läßt sich keine

Tangente in eindeutiger Weise anlegen. Die Koch-Kurve ist nun ein Beispiel, die nur aus Ecken besteht. Darum kann sie nicht differenziert werden. In unserem Zusammenhang ist diese Eigenschaft eher unwichtig. Ihre Einführung an dieser Stelle dient hauptsächlich dazu, Mandelbrots berühmte Frage nach der englischen Küstenlinie zu erläutern. Wie lang ist diese Linie? Wer die Zahl angibt, die er aus einem Lexikon kennt, dem hält Mandelbrot vor, daß andere Lexika andere Zahlen nennen. Tatsächlich schwanken die Angaben zwischen 7200 und 8000 Kilometer. Ähnlich verhält es sich mit Ländergrenzen. Einem spanischen Lexikon kann man entnehmen, die Grenze zwischen Spanien und Portugal sei 991 Kilometer lang. Ein portugiesisches Lexikon nennt 1220 Kilometer. Vielleicht mißt man in kleineren Ländern genauer, aber offenbar nirgends genau genug.

Küstenlinien, Grenzen, auch Flüsse und Ströme, sind fürchterlich krumme, zerklüftete, verschnörkelte Gebilde. Wer deren Länge mißt, wird die erstaunliche Entdeckung machen, daß sie um so länger werden, je genauer man um jede Ecke, um jeden Vorsprung und um jedes Steinchen herummißt. Mit einem geschmeidigen Maßband wird man eine größere Zahl erhalten als mit einem starren Zollstock. Berücksichtigt man auch noch mikroskopische Größenordnungen im Mikrometerbereich, wird das Ergebnis noch größer. Mit zunehmender Genauigkeit nähert sich also die Länge von Küstenlinien, Ländergrenzen, Flüssen und Strömen nicht etwa einem bestimmten Grenzwert, sondern wächst über alle Grenzen. Streng genommen lautet daher die Antwort auf Mandelbrots Frage: Englands Küstenlinie ist unendlich lang. Wie kann aber England, das doch eine endliche Fläche hat, eine unendlich lange Küste haben?

Küstenlinien sind reale und natürliche Fraktale. Ihre geometrische Entsprechung haben sie in der Koch-Kurve – einem künstlichen, idealen Fraktal. Man kann damit eine künstliche Insel konstruieren, die wie eine Schneeflocke aussieht und hilft, den Zusammenhang zu veranschaulichen und eine Antwort auf die vorhin genannte Frage zu finden. Die Koch-Insel oder auch Koch-Schneeflocke besteht aus drei Koch-Kurven und sieht so aus wie in Abbildung 30 dargestellt.

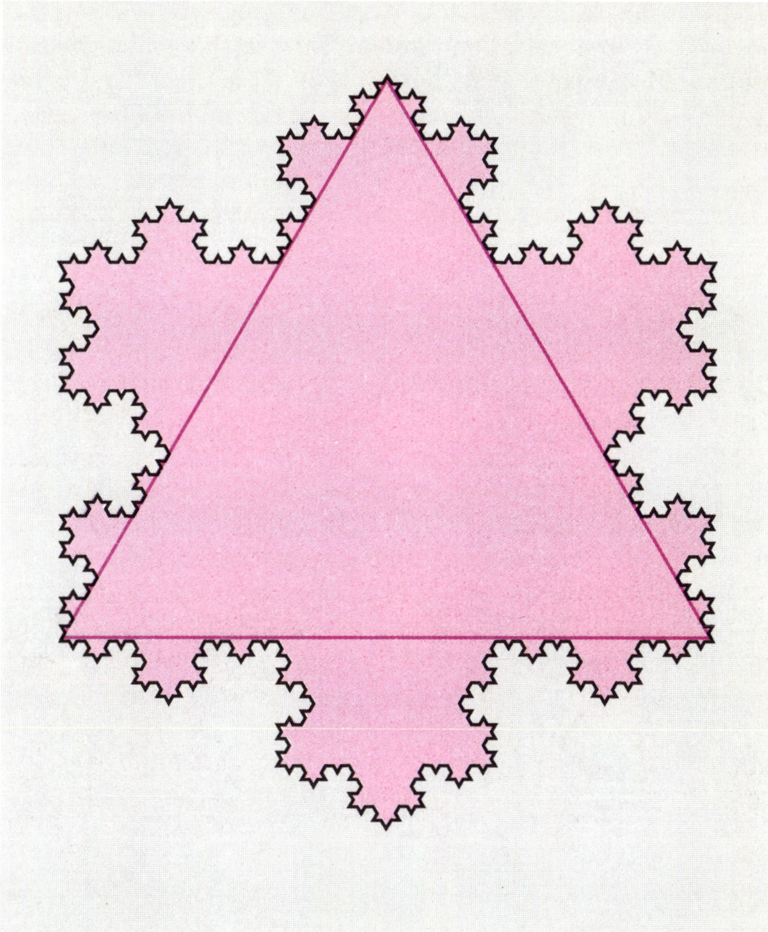

Abb. 30 Koch-Insel, auch Koch-Schneeflocke genannt

Man kann sich die Konstruktion auch mit einem Dreieck beginnend vorstellen, dann kommt man auf einem anderen Weg zum gleichen Ergebnis:

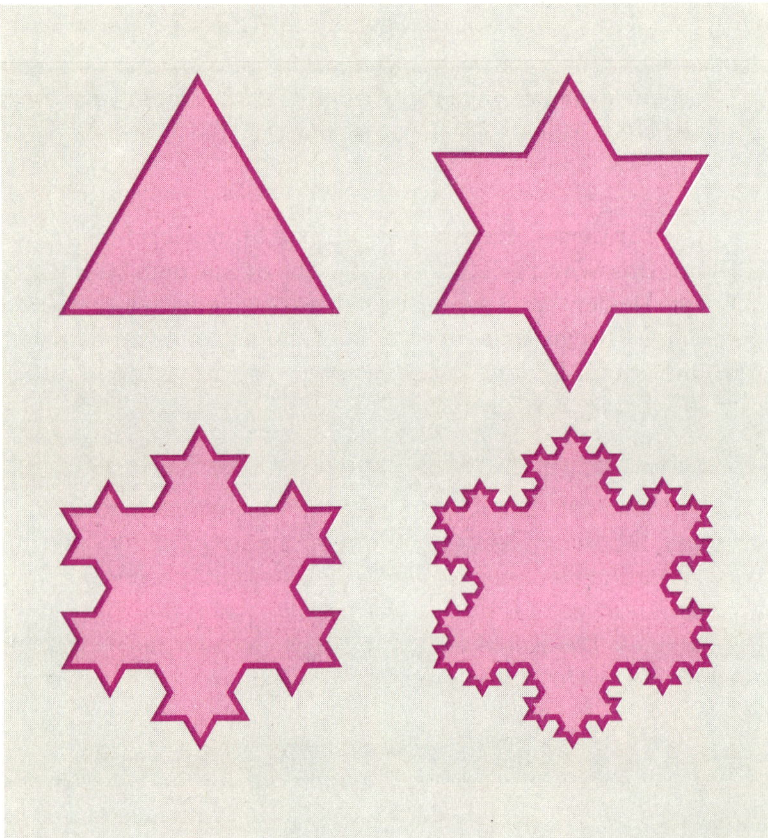

Abb. 31 Andere Wege zur Koch-Schneeflocke

Wie groß ist der Umfang dieser Insel oder Schneeflocke? Und wie groß ist die Fläche? Es ist wegen der Konstruktionsvorschrift leicht einzusehen, daß die Längen jeder Seite des anfänglichen Dreiecks um den Faktor $\frac{4}{3}$ wächst, während die Fläche sich kaum verändert. Wäre die Seite des Ausgangsdreiecks vier Zentimeter lang, so hätte die Koch-Schneeflocke nach 53 Schritten einen Umfang von 50 000 Kilometern erreicht, mehr als der Umfang der Erde. Nach unendlich vielen Schritten wäre der Umfang der Flocke unendlich lang, gleichwohl hätte sie einen endlichen Flächeninhalt – wie die britischen Inseln.

Eine Linie ist etwas eindimensionales. Die unendlich lange, aus lauter Ecken bestehende und in der Fläche sich ausbreitende Koch-Kurve als Linie zu bezeichnen, erscheint jedoch nicht angemessen. Sie ist irgendwie keine richtige Linie mehr, sondern mehr. Andererseits: Eine richtige Fläche ist sie auch noch nicht. Vielmehr ist sie irgend etwas dazwischen.

Für dieses »dazwischen« führte Mandelbrot den Begriff »Fraktal« ein. Das Wort, so Mandelbrot, habe er aus dem lateinischen *fractus* geprägt. Das entsprechende Verb *frangere* bedeutet »zerbrechen, unregelmäßige Bruchstücke erzeugen«. Es steckt also in dem Begriff auch noch die zweite Bedeutung »irregulär«, und beide Bedeutungen sind in dem Wort *Fragment* enthalten.

Warum Bruchstück? Was ist an der Koch-Kurve gebrochen? Es ist die Dimension. Die Koch-Kurve hat eine gebrochene Dimension. Der gesunde Menschenverstand kann sich nur ganzzahlige Dimensionen vorstellen und nur vier: die Nulldimensionalität des Punktes, die Eindimensionalität der Linie, die zwei Dimensionen der Fläche und die drei des Raumes. Die Kochkurve aber ist weder ein- noch zweidimensional, sondern ungefähr 1,26-dimensional. Wie das?

Um ein Maß für die Komplexität solcher Formen wie der Koch-Kurve zu haben, übernahm Mandelbrot ein Verfahren, das auf den Mathematiker Felix Hausdorff zurückgeht, eine Rechenmethode, die es gestattet, die Komplexität in einer Maßzahl zu erfassen. Diese Maßzahl beschreibt die Dimension der Form, und diese Dimension ist ein Bruch. Die Koch-Kurve hat zum Beispiel die Dimension $\log 4/\log 3$, also ungefähr 1,26. Für Englands Küste wurde eine Dimension von 1,36 errechnet, was bedeutet, daß die englische Küste zerklüfteter ist als die Koch-Kurve. Man kennt auch Gebilde, die beispielsweise 0,7-dimensional, 2,34- oder 3,99-dimensional sind. Die Dimensionalität ist hier ein Maß für die Differenziertheit der Form, die sich dem Betrachter nicht unmittelbar erschließt, denn was er zu sehen bekommt, hängt vom Maßstab ab, den er anlegt. Die Koch-Kurve als ideales Fraktal eignet sich zur Beschreibung von natürlichen Fraktalen, beispielsweise Küstenlinien.

Daß die Koch-Insel, die auch Koch-Schneeflocke genannt wird, tatsächlich auch wirklichen Schneeflocken ähnelt, zeigt dieses Bild:

Abb. 32 Echte Schneeflocken

Und das ist auch Mandelbrots erregende Botschaft: Die komplizierten Formen der Natur sind Fraktale. Sie lassen sich mathematisch mit den »Monstern« der fraktalen Geometrie in den Griff bekommen. In späteren Kapiteln kommen wir darauf zurück.

Unendliche Ähnlichkeit

»Die fraktale Geometrie ist in erster Linie eine neue Sprache«, sagt Heinz-Otto Peitgen, jener Bremer Mathematiker, der Mandelbrots Geometrie als einer der ersten in Computerbilder umgewandelt und damit die Chaosforschung weltweit berühmt gemacht hat. Beherrscht man diese Sprache, »so vermag man die Form einer Wolke ebenso präzise und einfach zu beschreiben, wie ein Architekt den Plan eines Hauses in der Sprache der traditionellen Geometrie vollständig darstellen kann« (Peitgen).

Die zentrale Botschaft dieser Geometrie lautet: Fraktale Gebilde, so unterschiedlich sie auch aussehen mögen, haben eine fundamentale Eigenschaft gemeinsam: die Skaleninvarianz oder Selbstähnlichkeit. Selbstähnlich oder skaleninvariant heißt: Betrachtet man ein Teilstück eines Fraktals, so ähnelt dieses Teilstück dem ganzen Fraktal. Und greift man aus dem Teilstück ein Unterteilstück heraus, so ähnelt dieses sowohl dem Teilstück als auch dem Ganzen.

Eine zerklüftete Küstenlinie beispielsweise sieht aus dem Flugzeug genauso aus wie ein kleinerer Abschnitt der Küste aus ein paar hundert Metern Höhe und dieser wiederum wie ein kleiner Abschnitt aus direkter Perspektive und so fort. Eine Gebirgskette ähnelt einem einzelnen Berg, der Berg einem Teil des Bergs, der Teil einem Fels, der Fels einem Gesteinsbrocken und so weiter.

Einer glatt polierten metallischen Würfeloberfläche mit der Kantenlänge fünf Zentimeter schreiben wir eine Oberfläche von $6 \times 25 = 210$ Quadratzentimetern zu. Schaut man sich aber diese Würfeloberfläche in tausendfacher Vergrößerung an, erkennt man: Die Würfelkante ist gar keine Gerade, sondern eine unregelmäßige Zackenlinie. Die Oberfläche ist von feinen Rillen durchzogen und mit Buckelchen und Kräterchen übersät. Bei 50 000facher Vergrößerung erscheinen die Rillen als Gräben, die sich verästeln, die Buckelchen als Buckel mit weiteren Buckelchen und die Kräterchen als Krater mit weiteren Kräterchen.

Abb. 33 Sierpinski-Dreieck

Welcher Maßstab auch gewählt wird, die zum Vorschein kommenden Formen sind zwar kompliziert, aber ähneln einander, wiederholen sich sogar. Am Sierpinski-Dreieck und am Mengerschwamm läßt sich auf Anhieb erkennen, was gemeint ist.

Das Dreieck des polnischen Mathematikers Waclaw Sierpinski (1882–1969) ist sich praktisch in jedem seiner Ausschnitte selbst ähnlich. Wiederum ist zu beachten, daß es sich um eine Grenzfigur handelt: Man sieht weniger als in dem Dreieck wirklich drinsteckt. Der Betrachter muß bedenken, daß die Konstruktion dieses Gebildes unendlich weitergeht, daß er also, wenn er sich das Dreieck mit der Lupe und dann mit dem Mikroskop in immer höheren Auflösungen

Abb. 34 Menger-Schwamm

anschaute, immer wieder dasselbe Muster zu sehen bekäme. Den kleinsten sichtbaren Dreiecken sind weitere, mit bloßem Auge nicht erkennbare, Dreiecke einbeschrieben, und diesen wieder und so fort, unendlich oft.

Genauso verhält es sich mit dem Schwamm, den der österreichische Mathematiker Karl Menger 1926 schuf. Dieser würfelförmige Schwamm ist nicht nur von jenen quadratischen Kanälen durchzogen, die man mit bloßem Auge sieht, sondern auch von unendlich vielen kleineren und kleinsten Kanälen, die nur unter dem Mikroskop zu sehen wären, später nur noch mit dem Elektronenmikroskop und noch später auch mit dem höchstauflösenden Mikroskop nicht mehr. Aber die Konstruktion ginge unendlich weiter.

Was bringt die Auseinandersetzung mit solchen Hirngespinsten verstorbener Mathematiker? Möglicherweise, so lautet die Hoffnung, die Anwendbarkeit auf natürliche komplexe und dynamische Phänomene. Die Hoffnung ist berechtigt. Die Koch-Kurve ist, wie wir gesehen haben, in ihrer Struktur einer Küstenlinie vergleichbar. Auch das Sierpinski-Dreieck und der Menger-Schwamm haben Entsprechungen in der Natur. Wie, zum Beispiel, soll man sich das Versickern von Wasser in die Erde räumlich vorstellen? Im Querschnitt sickert das Wasser durch eine Fläche, deren Struktur dem Sierpinski-Dreieck gleicht, räumlich kann man es sich ähnlich dem Mengerschwamm vorstellen.

Aber die Parallelen gehen noch viel weiter. Fraktale Gebilde wie Koch-Kurven, Sierpinski-Dreiecke und Menger-Schwämme erfüllen eine Bedingung, von der die Natur viel Gebrauch macht: die höchstmögliche Ausnutzung des Raumes. Als ein amerikanisches Chemie-Unternehmen versuchte, künstliche Gänsedaunen herzustellen, stellte sich heraus, daß das gewaltige Luftspeichervermögen der Daunen von den fraktalen Knoten und Verästelungen kommt, in denen das Basisprotein Keratin strukturiert ist.

Wie die Koch-Kurve eine praktisch unendlich lange Linie auf einer endlichen Fläche unterbringt und wie der Menger-Schwamm eine schier unendlich große Fläche in einem begrenzten Volumen ausspannt, so gelingt das dem Kreislaufsystem und den inneren Organen im Körper von Mensch und Tier. In den meisten Geweben befindet sich keine Zelle weiter als drei oder vier Zellen von einem Blutgefäß entfernt. Dennoch nehmen Gefäße und Blut nicht einmal fünf Prozent des Körpervolumens ein. Man weiß heute, daß das Harnsammelsystem fraktal organisiert ist, desgleichen der Gallengang in der Leber oder jene Fasern im Herzen, die mit ihren elektrischen Impulsen die Pumpleistung organisieren.

Die Fähigkeit, Sauerstoff aufzunehmen, wächst ungefähr proportional mit dem Flächeninhalt der Lunge. Die Fläche der menschlichen Lunge würde ausgespannt einen Tennisplatz bedecken. Und das ist bei weitem noch nicht die einzige Besonderheit dieses Organs. Man stößt in ihr auch auf ein Phänomen, das in der Natur weit verbreitet ist, die Griechen zur Grundlage ihrer Ästhetik machten und antiken und mittelalterlichen Philosophen viel Stoff für Spekulationen bot: auf den Goldenen Schnitt.

Zeichnet man eine Linie und teilt sie so, daß die beiden Abschnitte a und b im gleichen Verhältnis zueinander stehen wie der längere zur ganzen Linie, dann ergibt sich als rechnerisches Verhältnis von a/b die irrationale Zahl 1,618... Auf diese Zahl stößt man wieder in einer Zahlenreihe, die mit 0 und 1 beginnt und sich dann über die Summen der beiden vorhergehenden endlos weiter berechnen läßt: 0, 1, 1, 2, 3, 5, 8, 13, 21, 34 und so weiter. Je weiter man die Reihe fortsetzt, desto mehr nähert sich das Verhältnis der beiden letzten aufeinanderfolgenden Zahlen dem Verhältnis des Goldenen Schnittes an. Mit dieser Zahlenreihe, Fibonacci-Zahlen genannt, nach dem lateinischen Mathematiker Filius Bonacci, der diese Zahlen im 13. Jahrhundert berühmt machte, lassen sich zahlreiche Vorgänge der Natur beschreiben, beispielsweise die Anordnung von Blättern mancher Pflanzen.

Mediziner haben nun bei der menschlichen Lunge herausgefunden, daß die Längen der Bronchialröhren in den ersten sieben Generationen den Fibonacci-Zahlen folgen. Die Durchmesser dieser Röhren entsprechen bis zu zehn Generationen den Fibonacci-Zahlen. Danach aber ändern sich die Skalen bis zur 20. Generation und dann noch einmal. Die US-Wissenschaftler Bruce West und Ary Goldberger kommentieren, dieser »fraktale Fibonacci-Lungenbaum« zeige ein »bemerkenswertes Gleichgewicht zwischen physiologischer Ordnung und Chaos«.

Otto Peitgen wies vor kurzem darauf hin, daß die mit dem Goldenen Schnitt zusammenhängenden antiken und mittelalterlichen Spekulationen über Schönheit und Harmonie jetzt in der Chaosforschung wiederkehren. In Szenarien, die den Zusammenbruch der Ordnung und den Übergang ins Chaos beschrieben, stelle der Goldene Schnitt die letzte Schranke der Ordnung dar, bevor das Chaos hereinbricht.

Wolken, Gebirge, Blutgefäße, innere Organe, Materialbruchflächen gehorchen dem Gesetz der Selbstähnlichkeit zwar nicht über alle Größenordnungen, aber doch über viele. Und in diesen Bereichen, in denen natürliche Fraktale den künstlichen Gebilden der Mathematik gleichen, verhilft die fraktale Geometrie zu realistischeren, genaueren und treffenderen Modellen, Theorien und Prognosen.

Bei einem Atomkrieg, so haben Wissenschaftler in den achtziger Jahren ausgerechnet, käme es zu einem »nuklearen Winter«. Der durch die Explosion entstehende Staub würde sich in der Erdatmosphäre verteilen und so über Jahre das Sonnenlicht verdunkeln. Man rechnete aus, daß es sehr kalt würde auf der Erde. Vor kurzem hat die englische Physikerin Jenny Nelson nachgewiesen, daß es tatsächlich noch sehr viel kälter würde. In den früheren Modellen gingen die Wissenschaftler der Einfachheit halber von kugelförmigen Staubteilchen aus. Doch in Wahrheit sind diese Aerosole fraktal strukturiert. Sie haben im Verhältnis zu ihrem Volumen eine sehr große Oberfläche, würden also wesentlich mehr Licht verschlucken und gleichzeitig in den Weltraum abstrahlen als kugelförmiger Staub und darum eine drastisch stärkere Abkühlung bewirken.

Was für einen Atomkrieg gälte, gilt auch für andere Katastrophen, bei denen Staub in der Amtosphäre verwirbelt wird, Vulkanausbrüche zum Beispiel oder Meteoriteneinschläge. Die Berücksichtigung des fraktalen Charakters von Staub, Ruß, Nebel oder Smog erlaubt in jedem Fall bessere Prognosen über deren Ausbreitung und Wirkung. Auch bei Staubexplosionen in Bergwerken und Fabriken, der Ausbreitung giftiger Dämpfe und Gase nach Chemie-Unglücken und beim Treibhauseffekt führt der fraktale Ansatz zu besseren Modellen.

Seit langem ist bekannt, daß das Einatmen von Staub zu zahlreichen Krankheiten wie Silikose oder verschiedenen Krebsarten führen kann. Aber erst seit kurzem weiß man, daß diese krankheitserregende Wirkung von Staub nicht immer von seiner chemischen Zusammensetzung herrührt, sondern oft von der geometrischen Form der Staubteilchen. Die Partikel des Dieselrußes zum Beispiel sind natürliche Fraktale, an deren großen Oberfläche sich krebserregende Substanzen anlagern. Da sich der Staub in der Lunge sammelt, die selber ein Fraktal ist, hat man es also mit Fraktalen im Fraktal zu tun – eine wichtige Erkenntnis für Mediziner, die versuchen, die dadurch verursachten Krankheiten zu lindern oder gar zu heilen.

Zufall und Notwendigkeit

Extreme sind in der Natur verpönt. Leben spielt sich immer nur in mittleren Bereichen zwischen den Extremen ab. Extreme Ordnung ist zu starr für das Leben, extremes Chaos zu unbeständig. Kreativität braucht Freiheit, braucht das chaotische Assoziieren von Gedanken, planloses Herumprobieren, zufällige Eingebungen. Aber wirklich schöpferische Leistung erwächst daraus erst in der Auseinandersetzung mit der Realität, mit Gesetzen, Notwendigkeiten, Ordnungen. Der ewige Kampf zwischen den Antipoden Zufall und Notwendigkeit, Freiheit und Ordnung, Mutation und Selektion, Konservatismus und Progressismus ist das eigentlich produktive Element dieser Welt.

Eine Ahnung davon, wie sich die Natur den Kampf dieser Antipoden zunutze macht, wird dieses Kapitel vermitteln. Im vorigen Kapitel ging es überwiegend um praktische Aspekte der fraktalen Geometrie. In diesem Kapitel wollen wir wieder ein wenig Theorie betreiben. Sie wird aber nicht grau sein, sondern bunt, aufregend und anschaulich.

Warum ist die fraktale Geometrie die Geometrie der Chaostheorie? Bisher begründeten wir das mit der engen Verwandtschaft der Chaos-Arithmetik und der fraktalen Geometrie. In beiden Zweigen wird iteriert. Iterieren heißt: Ein bestimmtes Verfahren mehrfach oder gar unendlich oft auf sich selbst anzuwenden.

In der Chaos-Arithmetik waren das einfache Rechenverfahren. Die zufällige Wahl von Anfangswerten, in ein gesetzmäßiges Verfahren eingebracht, führte zu unvorhersagbaren Ergebnissen, sensitiver Abhängigkeit von den Anfangsbedingungen und zu Komplexität. In der fraktalen Geometrie waren es einfache, willkürlich ausgedachte, aber konsequent immer wieder auf sich selbst angewandte Konstruktionsverfahren. Sie führten zu seltsamen Gebilden, die von Mathematikern als »monströs« empfunden wurden. Die hervorstechenden Merkmale dieser Gebilde waren die Selbstähnlichkeit, die gebrochene Dimensionalität und wiederum Komplexität.

Mehr als eine Analogie zwischen beiden Gebieten ergeben diese Aufzählungen bis jetzt jedoch nicht. Allerdings vergaßen wir bisher den Hinweis auf eine bereits gemachte Bekanntschaft mit der Selbstähnlichkeit in der Chaos-Arithmetik: Beim Bifurkations-Diagramm zeigte sich, daß man bei entsprechender Vergrößerung eines Ausschnittes weitere Bifurkations-Diagramme entdecken konnte. Dies war bisher die einzige direkte Verbindung zwischen Chaostheorie und fraktaler Geometrie.

Weitere direkte Verbindungen zwischen Arithmetik und Geometrie stellen wir jetzt in diesem Kapitel her. Wir werden Zahlen iterieren, also Arithmetik betreiben, diese Zahlen in ein Diagramm eintragen und phantastische Formen erhalten, also Geometrie betreiben. Und eine wichtige Rolle werden wir den Zufall spielen lassen. Zufall und Willkür – also Freiheit – plus Arithmetik und Geometrie – also Gesetz und Notwendigkeit – verzahnen sich. Zahlen, durch die Mühle der Iteration gedreht, werden sich vor unseren Augen in fraktale Formen verwandeln.

Wir beginnen – mit Zahlen, ohne Rechen-, aber mit einer Konstruktionsvorschrift – mit dem Chaos-Spiel. Das Spiel geht auf F. Barnsley und H.-O. Peitgen zurück. Zu dem Spiel gehört ein Würfel, dessen sechs Seiten nicht die Zahlen eins bis sechs, sondern nur eins bis drei repräsentieren. Die Zahlen eins bis drei kommen also zweimal vor, erscheinen dort wieder, wo bei einem normalen Würfel die vier, fünf und sechs wären. Dieser Würfel wird uns eine zufällige Folge von Zahlen aus eins, zwei und drei liefern. Die gelieferten Zufallszahlen werden nach einer immer wieder angewandten Vorschrift Punkte auf einem Spielbrett belegen. Das Spielbrett besteht aus drei mit 1, 2 und 3 bezeichneten Fix-Punkten, die ein Dreieck bilden (Abbildung 35). Außerhalb des Dreiecks, irgendwo auf dem Brett, markieren wir einen weiteren Punkt, bezeichnen ihn als z_0. Dort beginnen wir mit dem Spiel, das heißt, wir würfeln zum ersten Mal.

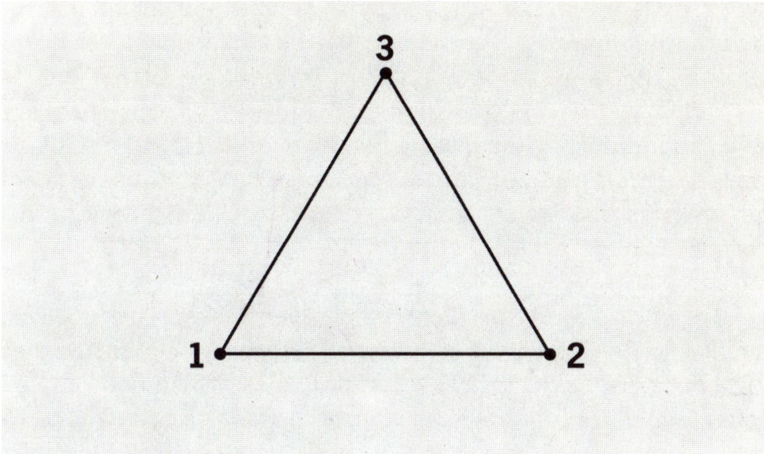

Abb. 35 Das Chaos-Spiel, Ausgangssituation

Nehmen wir an, das Ergebnis des ersten Wurfs sei 2. Dieses Zufalls-Ergebnis führt uns zu einem neuen Punkt. Wir finden ihn – und das ist jetzt die Konstruktionsvorschrift, die wir immer wieder anwenden – auf der Geraden, die vom Ausgangs-Punkt z_0 zu jenem Fix-Punkt des Dreiecks führt, der unserem Wurf entspricht, in unserem Fall also zum Fixpunkt 2. Genau auf der Mitte dieser gedachten Linie liegt der neue Punkt z_1.

Wir würfeln ein zweites Mal. Das Ergebnis sei 1. Wir ziehen also in Gedanken eine Linie vom Punkt z_1 zum Fixpunkt 1. In der Mitte dieser Geraden liegt der Punkt z_2. Der dritte Wurf bringt die 3. Der Punkt z_3 liegt auf halbem Weg zwischen dem Punkt z_2 und dem Fixpunkt 3. Der vierte Wurf bringt wieder die 1. Der Punkt z_4 liegt auf halbem Weg zwischen z_3 und 1. Der fünfte Wurf bringt die 2, der sechste die 1. Verbinden wir die Punkte, die uns das Chaos-Spiel nach diesen sechs Würfen geliefert hat, bekommen wir ein Bild, das so aussieht:

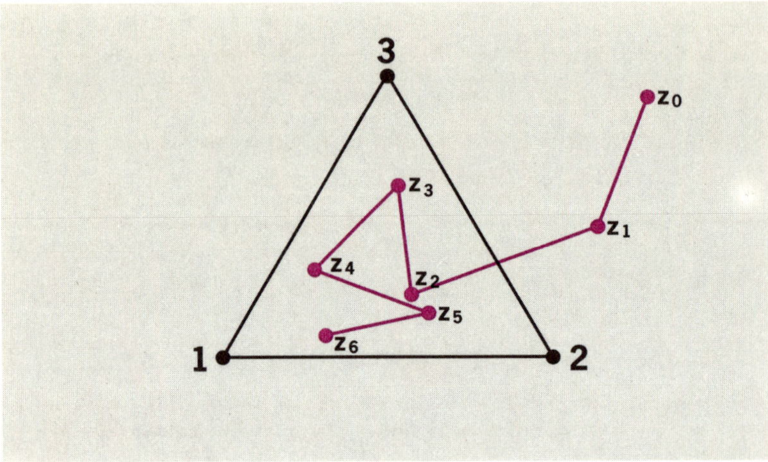

Abb. 36 Das Chaos-Spiel nach sechs Spielzügen

Man wird sich fragen, was das soll? Sehr viel kann man damit nicht anfangen. Nach sechs Würfen ahnt kein Mensch, zu welcher Überraschung dieses Spiel führt, wenn man immer weiter würfelt. Es in der Realität weiterzuspielen, wäre allerdings sehr mühsam, man müßte ständig das Lineal anlegen und Mittelpunkte auf den sich ergebenden Geraden bestimmen. Auf dem Computer spielt es sich einfacher. Er muß auch nicht die einzelnen Punkte mit Linien verbinden. Man kann ihn anweisen, nur die Punkte einzuzeichnen, nicht die Verbindungslinien. Darum wollen wir uns jetzt ansehen, welche Punktverteilung uns der Computer nach 100 und nach 500 Spielzügen zeigt.

Nach 100 Würfen ist das Bild noch nicht sehr aussagekräftig, aber schon nach 500 Würfen ahnt man bereits, worauf das Ganze hinausläuft. Nach 1000 Spielzügen verdichtet sich die Ahnung, und nach 10 000 Zügen ist's Gewißheit: Die zufällige Folge von Würfelergebnissen in Verbindung mit einer bestimmten Konstruktionsvorschrift erzeugt das uns bekannte Sierpinski-Dreieck, ein im Grunde unglaubli-

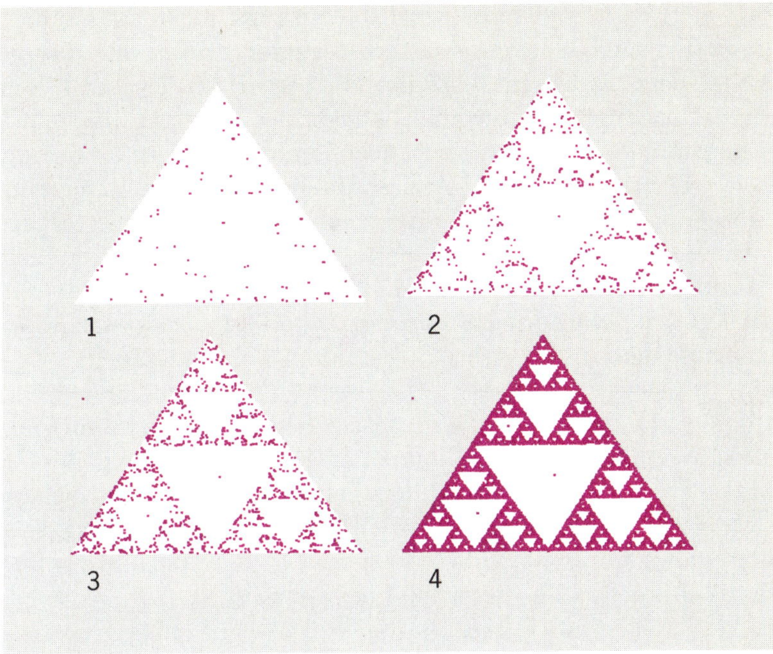

Abb. 37 Das Chaos-Spiel nach 100 Spielzügen (1), nach 500 Spielzügen (2), nach 1000 Spielzügen (3) und nach 10000 Spielzügen (4)

cher Vorgang. Zufällig zusammengewürfelte Folgen von Zahlen produzieren Folgen von zufällig in der Ebene verteilten Punkten, aber diese Zufalls-Punkte formieren sich, wie von einer Geisterhand geordnet, zu dem hochdifferenzierten und streng strukturierten fraktalen Sierpinski-Dreieck. Es geht zu, wie in der freien Marktwirtschaft. Jeder handelt nach eigenem Gutdünken, und man meint, das Ergebnis solch unkoordinierten, von keinerlei Zwang beeinflußten Handelns sei Chaos. Stattdessen führt die ungezügelte Verfolgung egoistischer Privatinteressen zu einer hochleistungsfähigen Wirtschaft von hohem Ordnungsgrad. Die »List der Vernunft«, die Hegel postulierte, bedient sich fraktaler Methoden.

Das Chaos-Spiel wurde allerdings nicht eingeführt, um die kapitalistische Ideologie zu rechtfertigen – und wer das versuchen sollte, dem sei gesagt, daß die Korrektur der Dynamik von Privat-Egoismen durch soziale und ökologische Komponenten ein noch leistungsfähigeres System mit noch mehr Ordnung und Komplexität hervorbringt – das Chaosspiel wurde hier nur deshalb eingeführt, weil es zwei andere Aufgaben erfüllen soll: Erstens sollte es vorbereiten auf das, was in den nächsten Kapiteln noch kommt, und zweitens wurde es benutzt, weil es bildhaft und eindrucksvoll zeigt, wie der reine Zufall eine genau determinierte Form erzeugen kann, und das ist deterministisches Chaos.

Die Paradoxie, die in diesem Begriff liegt, wird hier bildhaft für alle Augen sichtbar. Wir können zu keinem Zeitpunkt des Spiels vorhersagen, wo der nächste Punkt liegen wird, aber zu welchem Muster sich alle Punkte anordnen, wenn man nur lange genug spielt – das können wir voraussagen. Und das macht das deterministische Chaos so faszinierend für alle, die sich damit beschäftigen.

Eine kleine Geschichte der Zahlen

Wir nähern uns jetzt einer der vielleicht bedeutendsten, gewiß aber einer der schönsten wissenschaftlichen Entdeckungen des letzten Viertels unseres Jahrhunderts. Dazu knüpfen wir am Ende dieses Buches da an, wo wir es begonnen haben, bei der Iteration von Zahlen. Allerdings mit einer kleinen Änderung: Die Zahlen, mit denen wir rechnen, sind keine gewöhnlichen Zahlen, mit denen man es im Alltag zu tun hat, sondern komplexe Zahlen. Komplexe Zahlen setzen sich aus realen und imaginären Zahlen zusammen, und nun werden 90 Prozent aller Leser ausrufen: »O Gott, das ist nichts für mich, laß mich damit in Ruhe!«

Der Autor kann den Leser natürlich in Ruhe lassen. Aber damit brächte er den Leser – die Leserin selbstverständlich auch, aber muß man und frau wirklich immer extra betonen, was sich von selbst versteht? – um das Vergnügen der Bekanntschaft mit dieser wissenschaftlichen Entdeckung und um das befriedigende Erlebnis, eine der zentralen Botschaften der Chaostheorie und der fraktalen Geometrie wirklich verstanden zu haben. Und darum läß der Autor den Leser nicht in Ruhe, nimmt ihn stattdessen mit auf einen kleinen Ausflug in die Geschichte der Zahlen. Dieser kurze Ausflug wird bei den komplexen Zahlen enden, und dort, am Ziel, wird von diesen Zahlen jeglicher Schrecken abfallen.

Die Mathematik ist von den Menschen nicht erfunden worden, weil sie Mathematik betreiben wollten, sondern weil die Bewältigung des Alltags unter anderem auch ab und zu verlangte, verschiedene Größen miteinander zu vergleichen. Fleisch, Korn, Brot und Wein mußten gewogen, verkauft und bezahlt, Grundstücke und Wegstrecken vermessen werden. Dafür brauchte man Zahlen, und dafür hatte man die Reihe der natürlichen Zahlen 1, 2, 3, 4, 5 und so weiter. Den Begriff »natürliche Zahlen« haben Mathematiker allerdings sehr viel später eingeführt. Diejenigen, die zuerst damit rechneten, hatten gar nicht die Idee, daß es auch andere Zahlen als die natürlichen geben könnte. Die Null kannten sie lange Zeit noch nicht. Das Nichts mit einer Zahl zu bezeichnen, verlangt schon einen hohen Grad an Abstraktionsvermögen. Auch auf die Idee, mit negativen Zahlen zu rechnen, kamen die Menschen erst sehr viel später.

Über viele Jahrtausende reichte die Reihe der natürlichen Zahlen vollkommen aus. Irgendwann erwies es sich als praktisch, auch gebrochene Zahlen einzuführen, 0,1, 0,75, 2,33 oder auch $\frac{1}{3}$, $\frac{2}{5}$, $\frac{3}{4}$ oder $3\frac{5}{6}$. Nun hatte man also zwei Arten von Zahlen: die natürlichen, die zugleich auch ganze und positive Zahlen sind, und die gebrochenen. Natürliche ganze und gebrochene Zahlen bezeichneten die Mathematiker später als »rationale Zahlen«. Rationale Zahlen ließen sich entweder als Bruch oder als Dezimalzahlen darstellen. Als Dezimalzahlen hatten sie entweder eine begrenzte Zahl von Stellen hinter dem Komma (1,25, 2,346, 12,87738 etc.) oder eine unbegrenzte, jedoch periodische Zahl von Stellen (0,3333 ..., 1,757575 ..., 3,6666 ... etc.).

Dieser gemeinsamen Eigenschaft wurde man sich allerdings erst bewußt, als man auf Zahlen stieß, die diese Eigenschaften nicht haben, Zahlen, die sich weder als Bruch noch als Dezimalbruch mit endlichen oder periodischen Stellen hinter dem Komma darstellen ließen, sondern nur mit unendlich vielen nichtperiodischen Ziffern hinter dem Komma. Zahlen also, wie zum Beispiel die Zahl π oder die Quadratwurzel aus zwei. Solche Zahlen bezeichneten die Mathematiker als irrational.

Zu diesem Zeitpunkt hatte man die Zahlen auch schon in die andere Richtung erweitert, nach rückwärts, über die Null, zu den negtiven Zahlen. Geometrisch stellten die Mathematiker sich die Zahlen auf einer waagerechten geraden Line vor, die von minus unendlich bis plus unendlich reichte. Auf dieser Zahlengeraden lagen nun alle Zahlen, die in der Realität vorkommen: ganze und gebrochene, positive und negative, rationale und irrationale, und in der Mitte zwischen positiven und negativen die Null. Alle zusammen füllten diese Linie lückenlos. Aber nun fehlte noch ein Oberbegriff für all diese Zahlen.

Man fand ihn, als es galt, diese Zahlen von einer ganz anderen Art abzugrenzen, von Zahlen, die es eigentlich nicht gibt, die reine Gedankenkonstrukte sind, die einzuführen sich aber als zweckmäßig erwiesen hat: die imaginären Zahlen. Die anderen, die Zahlen, »die es wirklich gibt«, und die allesamt auf der Zahlengeraden liegen, nannte man deshalb reelle Zahlen.

Was aber sind nun, wie das Wort »imaginär« sagt, »eingebildete« Zahlen? Es sind Zahlen, die ihre Existenz der Unmöglichkeit verdanken, die Quadratwurzel aus negativen Zahlen zu ziehen. Das rührt daher, daß die Quadrierung einer negativen Zahl immer eine positive Zahl ergibt, gemäß der bekannten Vorschrift: Minus mal minus gibt plus. Die negative Zahl (-3), mit sich selbst multipliziert, also quadriert, $(-3)^2$, ergibt $+9$. Die Wurzel aus $+9$ hat darum zwei Lösungen: $+3$ und -3.

Was aber wäre die Wurzel aus -9? Diese Rechenaufgabe hat im Bereich der reellen Zahlen keine Lösung. Es existiert keine reelle Zahl, die mit sich selbst multipliziert -9 ergibt. So etwas ärgert die Mathematiker. Deshalb führen sie in solchen Fällen gern irgendwelche Konstrukte ein und schauen nach, ob sich damit rechnen läßt. Läßt sich widerspruchsfrei damit rechnen, bleiben die Mathematiker bei dem Konstrukt. Im Fall der Quadratwurzel aus negativen Zahlen haben die

Mathematiker einfach den Zahlbegriff erweitert und festgelegt: die Quadratwurzel aus −1 sei i, i wie imaginär. Die Wurzel aus −4 ist dann die imaginäre Zahl 2i, die Wurzel aus −9 ist 3i und die Wurzel aus −10 ist ungefähr 3,1623 i.

Das mag einem sehr künstlich und willkürlich kommen für ein Gebiet, von dem man doch glaubt, daß es in einer rein geistigen Welt und unabhängig vom Menschen existiert. Es gibt aber in der Mathematik viele solcher willkürlich eingeführten Definitionen, auf die man sich einigte, und die einem durch dauernde Benutzung so vertraut und natürlich geworden sind, daß man ihre menschliche Abstammung völlig vergessen hat. Die Einigung aufs Zehnersystem, also die Übereinkunft, mit zehn Ziffern von 0 bis 9 zu rechnen, ist ein Beispiel dafür. Sein Gebrauch erscheint uns so selbstverständlich und natürlich, daß wir ganz vergessen, daß man ebenso gut mit Zweier-, Dreier-, Sechser- oder Zwölfersystemen rechnen könnte.

Darum rechnen Mathematiker mit komplexen Zahlen genauso selbstverständlich wie wir mit dem Zehnersystem. Aber wie soll man sich diese Zahlen bildlich vorstellen? Wo »liegen« sie? Auch dieses Problem lösten die Mathematiker. Sie führten einfach eine neue Zahlenachse ein, stellten sie senkrecht zur waagerechten Achse der reellen Zahlen und spannten so eine zweidimensionale Zahlenebene auf. Auf dieser Ebene liegen nun reelle und imaginäre Zahlen und solche, die sich aus reellen und imaginären Zahlen zusammensetzen, Zahlen von der allgemeinen Form a+bi. Solche zusammengesetzten, aus einem Real- und Imaginärteil bestehenden Zahlen bezeichnen die Mathematiker als komplexe Zahlen. Die Ebene, auf der sie liegen, ist die komplexe Zahlenebene.

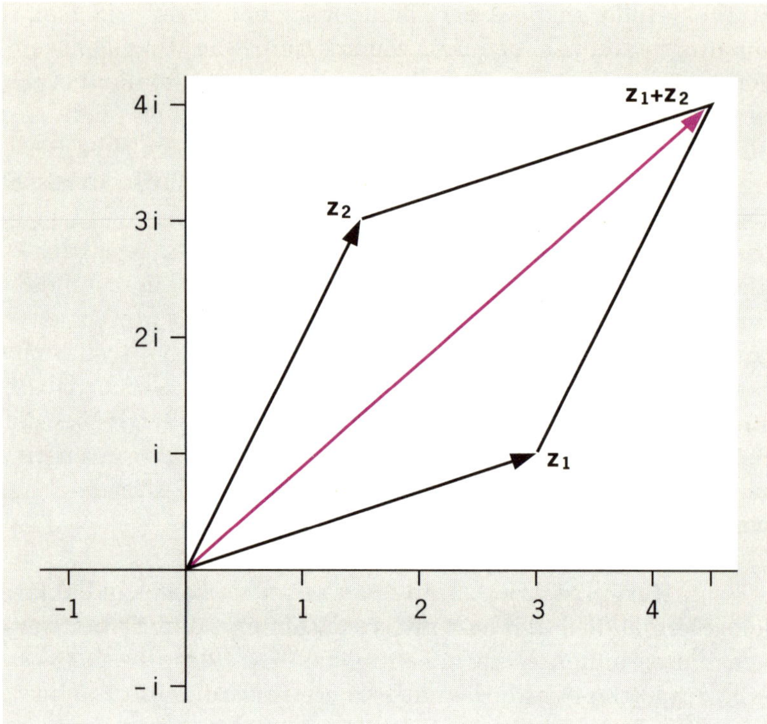

Abb. 38 Addition von komplexen Zahlen

Man kann mit diesen Zahlen rechnen wie mit den reellen. Sie lassen sich addieren und subtrahieren, multiplizieren und dividieren. Man muß nur stets berücksichtigen, daß i^2 immer -1 ergibt. Das Beispiel oben zeigt die komplexe Zahlenebene. Waagerecht sind die reellen Zahlen aufgetragen, senkrecht die imaginären. Die komplexen Zahlen, Zahlen also, die sich nach der Form a+bi aus Real- und Imaginärteil zusammensetzen, liegen in der Ebene.

Man erkennt zum Beispiel z_1 als $3 + i$ und z_2 als $1{,}5 + 3i$. Und es ist auf Anhieb zu erkennen, wie komplexe Zahlen addiert werden: Man summiert einfach Real- und Imaginärteile. In unserem Beispiel ergibt sich also die Summe aus z_1 und z_2 durch:

$$(3 + i) + (1{,}5 + 3i) = 4{,}5 + 4i$$

Und nun, da diese Zahlen fast unbemerkt jeglichen Schrecken für uns verloren haben, können wir tun, was wir eigentlich schon zu Beginn tun wollten: sie iterieren und sehen, zu welcher Form das führt, denn das ist das Schöne an den komplexen Zahlen, daß sie nicht auf einer Linie, sondern auf einer Ebene liegen. So ergeben sich zwangsläufig Muster, Figuren, Formen, und auf die kommt es uns an, denn diese Formen haben es in sich.

Ein Phantom namens Julia

In diesem Kapitel geht es vordergründig um die Frage, was herauskommt, wenn man einfache Gleichungen in der komplexen Zahlenebene iteriert. Eigentlich jedoch wollen wir mit einem weiteren wissenschaftlichen Vorurteil aufräumen. Um das zu können, müssen wir iterieren.

Zunächst aber zu einem jener Vorurteile, die in Professorenköpfen entstehen und darum als »wissenschaftlich begründet« oder gar »gesichert« gelten. Bisher dachten die Wissenschaftler: Was einfach ist, läßt sich auch einfach beschreiben, und was kompliziert ist, ist auch nur kompliziert zu beschreiben. Hinter kurzen, einfachen mathematischen Ausdrücken dürfe man daher auch einfache Sachverhalte vermuten. Komplexe Sachverhalte dagegen würden ein komplexes mathematisches Gestrüpp erfordern.

Das stimmt auch. Aber es stimmt nur deshalb, weil die Wissenschaftler in ihrer Betriebsblindheit die Komplexität mit denselben Mitteln in den Griff zu bekommen versuchen, mit denen sie sehr erfolgreich das Einfache in den Begriff bekommen haben, nämlich mit ihren linearen Differentialgleichungen. Der größere Teil der Welt funktioniert aber nichtlinear und erzeugt deshalb Komplexität. Nähert man sich dieser Komplexität mit nichtlinearen Differentialgleichungen, dann sind in der Tat ungeheuer viele und ungeheuer komplizierte Gleichungen nötig, um diese Welt einigermaßen zutreffend zu beschreiben.

Fast wie durch Zauberei verschwindet diese Kompliziertheit jedoch, wenn man eine andere Methode wählt, die Methode der Chaosforscher: die Iteration und den Zufall. Zwei Kapitel zuvor spielten wir das »Chaos-Spiel«. Wir legten durch eine wiederholt angewandte Kombination aus einem Zufallselement (einem Würfel mit drei möglichen Zahlen) und einer genauen Konstruktionsvorschrift Punkte in der Ebene fest. Diese Punkte formierten sich allmählich zum Sierpinski-Dreieck und zeigten, wie durch »Zufall und Notwendigkeit« eine Form von hochgradiger Ordnung hervorzubringen ist.

Jetzt setzen wir diese fast unseriös erscheinende Methode fort, allerdings mit drei Änderungen: An die Stelle des Würfels tritt jetzt einfach unsere Willkür, was so manchem konservativen Wissenschaftler möglicherweise noch blasphemischer erscheinen dürfte als das Spiel mit dem Zufall. An Stelle der Konstruktionsvorschrift benutzen wir eine Formel, und die Punkte, die sich aus dieser Kombination von Willkür und Formel ergeben, liegen jetzt in der komplexen Zahlenebene.

Die Formel, die wir verwenden, ist wieder denkbar einfach. Sie lautet

$$z_{n+1} = z_n^2 + c,$$

und niemand sieht diesem Ausdruck an, welch eine erstaunlich komplexe, überraschend schöne Formenvielfalt in ihm steckt. Um das zu verstehen, müßten wir unsere Formel iterieren. Die Iteration würde uns Punkte liefern, die Punkte trügen wir in die komplexe Zahlenebene ein, und dabei sähen wir, zu welchen Formen sich diese Punkte organisieren.

Wir begännen damit, in unsere Formel willkürlich eine Zahl für z_n und c einzusetzen und daraus z_{n+1} zu errechnen, das erste Ergebnis. Dieses Ergebnis quadrierten wir, addierten c, und erhielten z_{n+2}, das zweite Ergebnis. Auch das quadrierten wir. Wiederum addierten wir c und bekämen z_{n+3}, das dritte Ergebnis. Und so führen wir fort.

Wenn wir das genügend oft gemacht hätten, könnten wir dasselbe erneut durchrechnen, jedoch mit anderen, willkürlich gewählten Anfangswerten für z und danach noch einmal mit gleichen Werten für z, aber verschiedenen Werten für c – und spätestens jetzt beginnt der Leser zu ahnen, warum der Autor seit mehreren Absätzen nur noch in der Möglichkeitsform – würde, hätte, könnte, müßte – schreibt. Die Ausführung dieses Programms besteht in einer ermüdenden Rechnerei, und weil sich diese Rechnerei auch noch in der komplexen Zahlenebene abspielt, hätten selbst gutwillige Leser oft Mühe, den Zahlenwust zu überblicken. Da aber der Autor seine Leser nicht über Gebühr strapazieren will, und da sich obendrein die Menschheit für ermüdende Rechenaufgaben längst einen Knecht namens Computer erschaffen hat, wollen wir diesen Knecht auch arbeiten und uns seine Ergebnisse präsentieren lassen.

Haben wir das getan, fällt auf, daß die Iteration der Gleichung $z_{n+1} = z_n^2 + c$ zu zwei grundsätzlich verschiedenen Verhaltensweisen führt. Im einen Fall streben die iterierten Werte rasch in hohe Zahlen bis nach Unendlich. Im anderen Fall bleiben die Werte innerhalb eines engen Bereiches um den Nullpunkt gefangen. Etwas später stößt man aber auch noch auf einen dritten Fall. Die Werte bleiben über viele Iterationen hinweg innerhalb des Bereiches, aber irgendwann, wenn man nur genügend lange iteriert, verlassen sie diesen Bereich dann doch. Und zu guter Letzt macht man noch die Erfahrung, daß im Grunde alles von der Größe c abhängt. Sie ist der eigentlich bestimmende Faktor in diesem System und erinnert uns an die alles bestimmende Größe a in der logistischen Gleichung $y_{n+1} = ay_n(1-y_n)$.

Wirklich interessant ist weder der erste, noch der zweite Fall. Spannend jedoch ist der dritte. Er spielt sich an jener Grenze ab, an der sich erst nach schier unendlich vielen Iterationen entscheidet, ob ein Punkt in der Menge bleibt oder sie schließlich doch verläßt. Diese Grenze ist ein höchst komplexes, höchst erstaunliches fraktales Gebilde. Abbildung 39 (folgende Seite) zeigt, wie die Grenze aussieht, wenn

$$c = 0{,}31+0{,}04i, \qquad c = -1{,}626, \qquad c = 0{,}11 - 0{,}67i,$$

$$c = i \quad \text{oder} \quad c = -0{,}74543 + 0{,}11301i \text{ ist.}$$

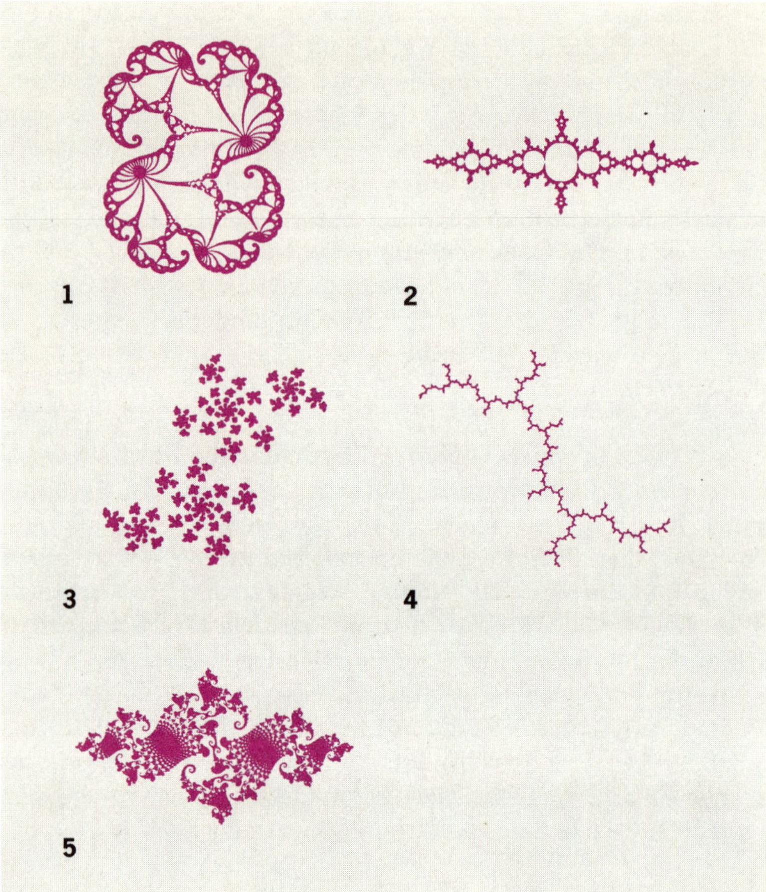

Abb. 39 Grenzbereiche der Formel $z_{n+1} = z_n^2 + c$: (**1**) c = 0,31 + 0,04 i; (**2**) c = 0,11–0,67 i; (**3**) c = –1,626; (**4**) c = i; (**5**) c = –0,74543 + 0,11301 i

An diesen fünf Figuren sieht man schon, wie sehr sich die Formen mit den Werten von c ändern. Daß diese Grenzlinien reich strukturiert sind, sieht man ebenfalls. Was man jedoch nicht sieht, ist das wahre Ausmaß der Komplexität dieser Formen. Dazu müßte man sie wieder mit der Lupe und dem Mikroskop immer weiter und weiter vergrößern. Dann sähe man, daß man nie an ein Ende käme. Jede weitere Vergrößerung brächte immer noch mehr Details zum Vorschein, Details jedoch, die in ihrem Aussehen immer wieder der ganzen Form ähneln würden.

Da haben wir sie also wieder: die Selbstähnlichkeit. Allerdings ist sie jetzt von einer anderen Art als bei der Kochkurve, dem Mengerschwamm oder dem Sierpinski-Dreieck. Diese iterativen Abbildungen der Gleichung $z_{n+1} = z_n^2 + c$ in der komplexen Ebene sind formenreicher, komplexer und beeindruckender als die zuvor gezeigten Fraktale. Wollte man solche Gebilde mit herkömmllichen Methoden, also mit algebraischen Funktionen im normalen x-y-Koordinatensystem, erzeugen – Heerscharen von Mathematikern wären jahrelang damit beschäftigt, dafür die entsprechende Funktion zu finden, und fänden sie doch immer nur annähernd.

Einfache mathematische Algorithmen können also einen komplizierten Formenreichtum hervorbringen. Die Vermutung liegt nahe, daß sich die Natur beim Bau ihrer komplizierten Formen genau jener Algorithmen bedient, die unserem Ausdruck $z_{n+1} = z_n^2 + c$ gleichen. Darum liefert uns dieser Ausdruck einen Anhaltspunkt dafür, wie der Aufbau komplexer Strukturen aus einer einfachen Anweisung funktionieren könnte. Hier könnte auch ein Schlüssel für das Verständnis der vielfältigen Mutationen der Natur stecken.

Will man also Komplexität mathematisch in den Griff bekommen, darf man das nicht mit herkömmlichen Differentialgleichungen versuchen, sondern mit der Methode der Iteration. Später werden wir noch sehen, daß sich damit tatsächlich auch Muster erzeugen lassen, die in der Natur wirklich vorkommen.

Die Formen der iterierten Gleichung $z_{n+1} = z_n^2 + c$ sind schon seit 1918 bekannt. Der französische Mathematiker Gaston Julia hat sie im Alter von 25 Jahren veröffentlicht. Darum nennt man diese Gebilde Julia-Mengen. Julia wurde damit zwar weltberühmt, aber viel anzufangen wußten die Mathematiker seiner Zeit mit diesen seltsamen Punktmengen nicht, zumal es ja noch keine Computer gab, die sie hätten visualisieren können. Julia-Mengen existierten daher damals nur im

»geistigen Auge« einiger weniger Mathematiker, und auch diese hatten nur eine unvollkommene Vorstellung davon, wie solche Mengen wirklich aussehen, wenn man fast unendlich oft iteriert. So gerieten die Julia-Mengen im Lauf der Jahrzehnte fast vollständig in Vergessenheit.

Wiederentdeckt hat sie Benoît Mandelbrot. Und der hatte einen Computer. Er war von Anfang an fasziniert davon, ahnte er doch sogleich, daß er hier der Baumethode der Natur sehr nahe kam. Zunächst jedoch untersuchte er diese Julia-Mengen nur rein formal, mit dem Interesse eines reinen Mathematikers, und entdeckte dadurch ein Gebilde, das noch unendlich viel komplexer und erstaunlicher ist als jede Julia-Menge. Es ist ebenfalls wieder, wie die Julia-Menge, eine Grenzfigur, heißt nach seinem Entdecker »Mandelbrot-Menge« und ging als Ikone der Chaosforschung um die Welt. Im nächsten Kapitel lernen wir sie kennen.

Die Ikone des Chaos

Nun endlich machen wir Bekanntschaft mit jenem mathematischen Konstrukt, das nach vielen tausend Jahren Mathematik zahlreichen Wissenschaftlern als das komplexeste und vielleicht auch schönste Objekt dieser Wissenschaft erscheint, zur Ikone der Chaostheorie avancierte und zum Kultobjekt enthusiasmierter Computerfreaks wurde: die Mandelbrot-Menge.

Entdeckt hat Benoît Mandelbrot die nach ihm benannte Zahlenmenge 1980. Berühmt gemacht aber haben dieses Gebilde und die damit verbundene Theorie drei junge sympathische Deutsche, die Bremer Mathematiker Hartmut Jürgens, Heinz-Otto Peitgen und Dietmar Saupe. Sie produzierten die Mandelbrotmenge an ihrem Computer mit Hochleistungsgrafik, drangen immer tiefer in sie ein, vergrößerten sie in zahlreichen Maßstäben, fotografierten die vom Computer errechneten Bilder und machten ein Buch daraus: »The Beauty of Fractals«. Das Buch wurde weltweit ein Bestseller.

Dann bestückten sie die Ausstellung »Frontiers of Chaos« mit ihren Bildern, die das Goethe-Institut in zwei Kopien um die Welt schickte. Die Ausstellung brach alle Besucher-Rekorde. Der »Guardian« schrieb: »Wenn Sie bislang nicht glauben wollten, daß in Mathematik Schönheit stecken könnte, dann gehen Sie in diese Ausstellung.« Das Wissenschaftsmagazin »Nature« urteilte: »Vor kurzem hätte noch nicht einmal ein Science-Fiction-Autor dieses Bilderbuch vorhergesehen, das die unglaubliche Geometrie entfaltet, die in einer schlichten quadratischen Gleichung steckt.«

Als 1985 eine Mandelbrot-Menge aus dem Computer des Bremer Trios die Titelseite des Wissenschaftsmagazins »Scientific American« zierte, begann die Karriere dieses Gebildes als Kult-Objekt. Im Innern des Heftes wurden Besitzer von Home- und Personalcomputer angeleitet, selbst solche fraktalen Objekte zu erzeugen. Seitdem reisen auf ihren Bildschirmen zahllose Amateur-Chaosforscher durch die Welt der Fraktale. Das Programmieren ist einfach, die Ergebnisse sind spektakulär. Da der Rechenaufwand selbst für Computer groß ist, entwickelte sich nebenbei die Mandelbrotmenge zum Testkriterium für Computerleistung. Je schneller ein Computer die Menge auf den Bildschirm bringt, desto leistungsfähiger ist er.

Inzwischen bedienen sich Filmemacher der Fraktale als künstlich-realistischer Kulisse. Bildende Künstler und Computer- und Videokünstler experimentieren damit. Den Komponisten György Ligeti inspirierten die Fraktale zu neuen Klavier-Etüden, und zwei dänische Architekten, Susanne Ussing und Carsten Hoff, wollen von ihnen entworfene Bahnhöfe fraktal gestalten. Und das alles wegen einer abseitigen, für Nichtmathematiker im Grunde genommen belanglosen Frage: Wann ist eine Julia-Menge zusammenhängend und wann nicht?

Abb. 40 Die zwei Arten von Julia-Mengen: zusammenhängend (links) und nicht zusammenhängend

Das war genau die Frage, die Mandelbrot 1980 zu »seiner« Menge führte. Um sie zu verstehen, sehe man sich die beiden Julia-Mengen in Abbildung 40 an:

Bei der Julia-Menge links hängen alle Punkte zusammen. Bei der Menge rechts bestehen Lücken zwischen den Punkten. Selbst die einzelnen Sternchen, die wie zusammenhängende Kleckse aussehen, hängen in Wahrheit nicht zusammen. Würde man sie mit dem Mikroskop immer weiter und weiter vergrößern, sähe man, daß es sich tatsächlich immer nur um Punkte, um eine Art Staub, handelt.

Als Mandelbrot nun versuchte herauszufinden, wann eine Julia-Menge zusammenhängt und wann nicht, fand er die Menge aller Julia-Mengen, die zusammenhängen (Abbildung 41). Eben diese Menge ist die berühmte aufsehenerregende überraschende Mandelbrotmenge.

Um zu verstehen, wie diese Figur entsteht, muß man sich noch einmal verdeutlichen, was Mandelbrot herausfinden wollte: Für welche Werte in der komplexen Zahlenebene ergeben sich zusammenhängende Julia-Mengen?

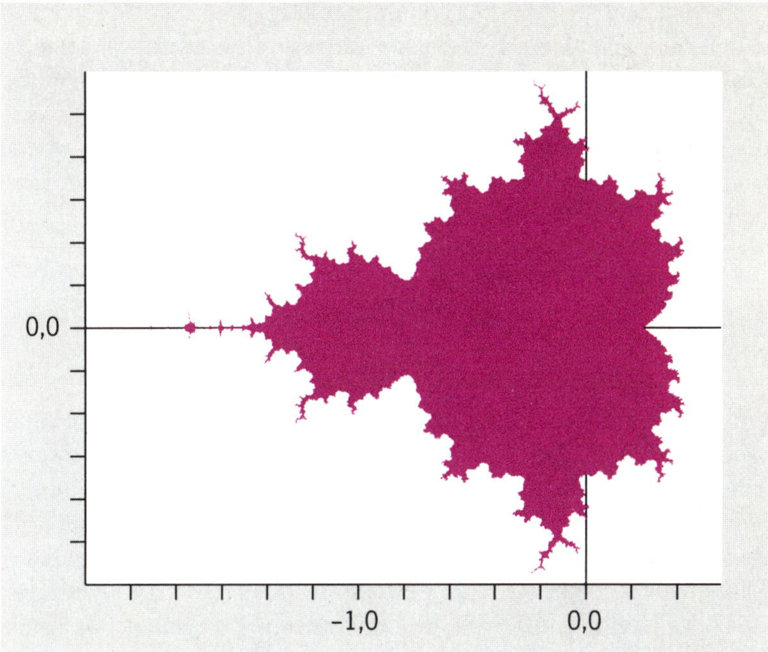

Abb. 41 Konstruktive Mandelbrotmenge

Bei der Antwort auf diese Frage trug Mandelbrot immer dann einen schwarzen Punkt in die Ebene ein, wenn er ein Wertepaar gefunden hatte, für das diese Bedingung gilt. Die schwarzen Flächen stellen also jene Menge von Punkten dar, für die sich zusammenhängende Julia-Mengen ergeben. Diese schwarzen Flächen sind der uninteressante Teil der Menge. Der interessante Teil ist die Grenze, der Umriß. Diese Grenze ist es ja, die der Mandelbrot-Menge diese seltsame Form verleiht.

Diese Form eines geometrischen Objekts muß einem, der bisher nur Kreise, Ellipsen, Rechtecke und Vielecke kennengelernt hat, schon als reichlich spektakulär erscheinen. Die eigentliche Sensation jedoch bleibt einem auf den ersten Blick verborgen. Würde man sich nämlich diese Grenze wiederum vergrößert betrachten, dann erst sähe man, wie unendlich verschlungen, differenziert und komplex diese Linie eigentlich ist.

Abbildung 42 zeigt, was man tatsächlich zu sehen bekommt, wenn man bestimmte Ausschnitte der Menge immer wieder vergrößert.

Diese sieben fortgesetzten Vergrößerungen – die letzte zeigt einen zehnmillionenfach vergrößerten Ausschnitt – zeigen nur einen winzig kleinen Teil dessen, was die Mandelbrotmenge ausmacht. Der kleine Teil läßt aber einigermaßen erahnen, was man zu sehen bekommt, wenn man die Grenzlinie der Mandelbrotmenge entlangfährt und durch ständige Vergrößerung quasi immer tiefer in sie eindringt. Diese Menge birgt einen unendlichen Reichtum an Formen in sich, und – daran sollte man sich jetzt erinnern – erzeugen läßt sich dieser Reichtum mit der Iteration der einfachen Formel $z_{n+1}=z_n^2+c$. Damit ist der Beweis erbracht, daß komplexeste Strukturen tatsächlich aus einfachsten Algorithmen entstehen können.

Eines allerdings muß auch gesagt werden: Die Mandelbrot-Menge ist ein rein mathematisches Gebilde. Bisher gibt es noch keinerlei Hinweise darauf, daß diese Menge irgendwo in der Natur eine Rolle spielt. Sie hat jedoch zahlreiche Mathematiker dazu angeregt, fraktale Formen der Natur daraufhin zu untersuchen, ob sie ebenfalls durch einfache Algorithmen erzeugt werden können. Und tatsächlich beweisen erste Erfolge, daß dies ein sehr vielversprechender Weg ist.

Abb. 42 Serielle Mandelbrotmengen bis zu zehnmillionenfach vergrößert

Abb. 43 Nachahmung der Natur: Aus einem einfachen Algorithmus erzeugt der Computer ein Fraktal, das einem Farnblatt verblüffend ähnelt

Dieses Farnblatt, zum Beispiel, hat der Mathematiker Michael Barnsley durch die Iteration einer einfachen Gleichung auf dem Computer erzeugt.

Es sind auch schon ganze Gebirgs- und Planetenlandschaften durch Iteration bestimmter Gleichungen erschaffen worden, auch Wolkenformationen, Dendriten, Bäume, Wälder oder Formen, die bei chemischen Ablagerungen entstehen, und dieses Erzeugen immer neuer naturähnlicher fraktaler Formen am Computer ist keine bloße Spielerei, sondern birgt bereits ein wichtiges Anwendungspotential in sich: Wenn man mit einfachen Algorithmen komplizierte Formen aufbauen kann, dann muß es auch möglich sein, den umgekehrten Weg zu gehen. Komplizierte Formen müssen sich auf den zugrundeliegenden einfachen Algorithmus reduzieren lassen.

Wenn das klappt, wenn man diese Methode gefunden hat, dann hat man das Mittel, nach dem Computerwissenschaftler und insbesondere die Ingenieure der Informationstechnologie schon lange rufen, ein Mittel zur Datenkomprimierung. Ein farbiges Bild, das man mit Hilfe des Computers speichern will, belegt viele Megabytes auf der Festplatte. Will man dieses Bild dann auch noch via Kupferleitung oder Glasfaser auf einen anderen Computer übertragen, vergeht viel Zeit, bis dort alle Megabytes angekommen sind. Hätte man jedoch den Algorithmus, nach dem so ein Bild aufgebaut ist, genügte die bloße Speicherung oder Übertragung dieses Algorithmus, und der würde sich mit wenigen Bytes begnügen, das heißt, die Daten eines Bildes ließen sich millionenfach komprimieren. Statt des Bildes würde einfach nur die Anleitung zum Aufbau dieses Bildes gespeichert und gesendet. Die Speicher- und Datenübertragungs-Kapazitäten würden sich mit einem Schlag drastisch reduzieren. Die Telekommunikation käme einen gewaltigen Schritt voran.

Das Chaos und der postmoderne Zeitgeist

Wenn das Chaos regiert

Ende der achtziger Jahre bahnten sich welthistorische Ereignisse an. In einer der Supermächte übernahm ein junger, gewinnender Politiker die Macht und räumte radikal mit den Mißständen eines in Korruption und Unfähigkeit erstarrten Staatsapparats auf. Er trat an, um die ganze Gesellschaft von Grund auf umzubauen. Die Presse durfte plötzlich schreiben, was sie wollte. Altgediente Höflinge und Vertreter der etablierten Herrschaft sahen sich mit einem Mal öffentlicher Kritik ausgesetzt. Endlich ließ der frische Wind, der nun wehte, die Bürger wieder an eine bessere Zukunft glauben.

Doch diese Zukunft kam nicht. Den meisten Menschen ging es unter dem jungen Reformer wirtschaftlich schlechter als unter allen Diktatoren vor ihm. Und die von den Reformern bedrohten Höflinge kämpften mit aller Macht um die Erhaltung ihrer Privilegien. Je länger sich dieser hinhaltende Widerstand hinzog, desto steiler ging es mit der Wirtschaft bergab, je steiler es bergab ging, desto ungeduldiger reagierten die Bürger. Die Lage wurde zunehmend explosiver. Am Ende wurde der junge, reformwillige Herrscher geköpft.

Der letzte Satz ist keine Voraussage über das Schicksal Michail Gorbatschows oder Boris Jelzins. Die ganzen Absätze zuvor beschreiben zwar scheinbar die jüngste Vergangenheit und Gegenwart in der ehemaligen Sowjetunion. Tatsächlich aber ist von den achtziger Jahren des 18. Jahrhunderts in Frankreich die Rede. Dort tat in den Jahren 1787 und 1788 der junge König Ludwig XVI. etwas für die damalige Zeit Unerhörtes: Er gab Forderungen aus dem Volk nach mehr Demokratie sehr weit nach, indem er mehrere Provinzparlamente zuließ. Er schaffte die Pressezensur und die Gerichtsfolter ab und gestand Angeklagten das Recht auf einen Anwalt zu. Die Verfolgung der Protestanten hörte auf. Ähnlich wie Gorbatschow wollte der König sein Regime mit diesen Reformen stabilisieren. Ähnlich wie bei Gorbatschow stand diesen Reformen eine drastische Verschlechterung der wirtschaftlichen Lage gegenüber. Wie in der Sowjetunion erreichte die Staatsverschuldung in Frankreich ein Rekordniveau. Wie in der Sowjetunion verteidigten die Stützen der alten Herrschaft in Frankreich ihre Privilegien mit Zähnen und mit Klauen.

Schneller als sich das die Herrschenden haben träumen lassen, kam es dann zum Umsturz. In Frankreich begann 1789 die Französische Revolution. In Osteuropa befreiten sich die Völker von der kommunistischen Diktatur. Noch wenige Monate vor dem Fall der Mauer verkündete Margot Honecker selbstbewußt, die SED werde auch in 20 Jahren noch sicher im Sattel sitzen, und wenn irgendwo jemand sein Haus neu tapeziere, müsse man das ja nicht unbedingt gleich nachahmen. Als dann die Mauer fiel und die Diskussion über die deutsche Einheit begann, meinte die englische Premierministerin Maggie Thatcher, über die Vereinigung der beiden deutschen Staaten könne man frühestens in 20 Jahren ernsthaft reden.

Die Ähnlichkeit zwischen zwei völlig verschiedenen Ländern und Systemen über eine Zeit von zwei Jahrhunderten hinweg mag frappieren. Zufällig ist sie nicht. Überall in der Welt laufen Revolutionen nach ähnlichen Mustern ab und sind sie geschichtlich in ähnlichen Mustern abgelaufen. Und überall vollziehen und vollzogen sie sich in atemberaubendem Tempo. Sind Revolutionen ein Fall für die Chaosforschung? Hätte Gorbatschow sein Scheitern hinauszögern oder gar verhindern können, wenn er einen Chaosforscher als Berater an seiner Seite gehabt hätte? Könnten Chaosforscher Jelzin effizient beraten?

Und wenn man schon beim Chaos in der Politik ist: Wie verhält es sich eigentlich mit dem Chaos in der Wirtschaft? Wurde in der Vergangenheit nicht immer wieder behauptet, Börsenkurse, Rohstoffpreise, Markteroberungen folgten fraktalen Mustern? Unternehmensberater propagieren seit einiger Zeit das »Chaos-Management«. Der amerikanische Unternehmensberater Tom Peters schrieb während der achtziger Jahre sein Buch »Kreatives Chaos. Die neue Management-Praxis«. Und Hans-Jürgen Warnecke, Professor für industrielle Fertigungstechnik und Leiter des Fraunhofer-Instituts für Produktionstechnik und Automatisierung, macht sich seit kurzem für die »fraktale Fabrik« stark.

Steckt dahinter mehr als nur ein modisches Schlagwort? Kann eine mathematische Theorie, die schon auf natürliche Phänomene nur schwer anwendbar ist, so ohne weiteres auf gesellschaftliche Phänomene angewandt werden? Können iterative Zahlenreihen und fraktale geometrische Muster wirklich etwas zur Lösung politischer und wirtschaftlicher Probleme beitragen?

Im nächsten Kapitel wollen wir untersuchen, was Chaostheorie und fraktale Geometrie für die Wirtschaft hergeben, hergeben könnten.

Chaos in Politik, Wirtschaft und Gesellschaft

Die ersten, die sich naturgemäß auf die neue Lehre der Chaostheorie stürzten, waren die Börsianer. Mandelbrot beschrieb ihnen die zeitliche Entwicklung von Aktienkursen, Baumwollpreisen oder Renten als fraktale Muster. Aus Mandelbrots Lehre hörten sie die Botschaft heraus: Was uns wie Chaos anmutet, ist nur scheinbares Chaos. Im scheinbaren Chaos steckt eine verborgene Ordnung. Diese Ordnung ist erkennbar.

Was sie nicht heraushörten, was aber in Mandelbrots Lehre ebenfalls steckt, ist die Botschaft: Wir können zwar diese Ordnung erkennen. Aber vorhersagen, wie sich diese Ordnung morgen und übermorgen entwickeln wird – das können wir nicht. Und das gilt generell für chaotische Phänomene, nicht nur in der Wirtschaft. Die Chaostheorie kann uns nur sagen, unter welchen Bedingungen Unvorhersagbarkeit herrscht. Sind diese Bedingungen erfüllt, gilt, was das Wort aussagt: Hellseherei ist leider nicht möglich, trotz erkennbarer, aus der Verborgenheit geholter Ordnung.

Die Lage für die Börsianer wird durch die Chaostheorie sogar noch schlimmer. Genaugenommen erklärt diese Theorie nämlich sämtliche, in jahrelanger Feinarbeit ausgetüftelten Charttechniken, von denen sich Börsianer rechtzeitige Kauf- und Verkaufssignale erhoffen, zum Müll. Und das kann auch gar nicht anders sein. Charttechniker versuchen aus der Zeitreihe vergangener Kurse auf die Kurse der Zukunft zu schließen. Zeitreihen der Vergangenheit und Charttechniken sind aber Informationen, die grundsätzlich allen Marktteilnehmern zur Verfügung stehen. Mit Informationen jedoch, die auch im Markt bekannt sind, ist kein Geld zu verdienen, denn die heutigen Kurse haben diese Information ja schon berücksichtigt.

Wenn zum Beispiel der Kurs einer Aktie sich so entwickeln würde, wie alle Chartisten übereinstimmend voraussagen, und wenn alle Börsianer dieser Voraussage glaubten, dann stünden sie alle im selben Moment auf der Verkäufer- oder Käuferseite und würden gerade dadurch verhindern, daß die Voraussage eintrifft. Kurszeitreihen, die offenkundige Gewinnchancen aus tatsächlichen oder eingebildeten Gesetzen oder Regelmäßigkeiten bieten, zerstören sich über kurz oder lang von selbst.

Ein anderes Beispiel ist der allen geläufige Schweinezyklus. Ist der Schweinepreis hoch, beschließt der Schweinezüchter, mehr Tiere zu mästen. Ein halbes Jahr später stellt er fest, daß die anderen Schweinezüchter es genauso gemacht und deshalb nun für ein Überangebot gesorgt haben. Das heißt, der Preis fällt. Der niedrige Preis führt dazu, daß jetzt weniger Schweine aufgezogen werden. Das aber verringert ein halbes Jahr später das Angebot, also steigt der Preis.

In Kenntnis dieses Gesetzes könnte ein Bauer nun auf die Idee kommen, sich antizyklisch zu verhalten, also bei einem Überangebot an Schweinen noch mehr Schweine zu mästen, in der Erwartung, daß alle anderen aus Enttäuschung über den niedrigen Preis weniger Schweine züchten. Das kann ein- oder zweimal mal gutgehen, aber dann spricht es sich herum, und wenn alle antizyklisch handeln, entsteht eben ein neuer Zyklus, der den Bauern die Rechnung vermasselt. So schaukelt der Preis immer hin und her, zwischen hoch und niedrig, und komplizierend kommt hinzu, daß der Preis natürlich nie vom Angebot allein abhängt. Verbrauchergewohnheiten können sich ändern, Exportchancen können sich auftun, aber auch Importe greifen in den Preismechanismus ein.

Diese vielfältigen Einflüsse führen zu Unvorhersagbarkeit und zu dem Eindruck, die Wirtschaft sei chaotisch. Sie ist aber tatsächlich nur deterministisch chaotisch. Hinter der unvorhersagbaren Preisentwicklung steht eine Ordnung. Erstens statistisch: Der Logarithmus des Aktienkurses verhält sich wie ein stochastischer Prozeß, der in der Physik als Brownsche Bewegung bekannt ist. Zweitens faktisch: Jeder Preis hat eine Ursache. Diese wird den Marktteilnehmern jedoch regelmäßig immer erst hinterher, wenn sich der Preis schon gebildet hat, bekannt. Drittens gestalterisch: Indem der Markt alle neuen Informationen sofort in seiner Preisbildung umsetzt, ist er eine hervorragende Informationsverarbeitungsmaschine, die fast ohne Verzögerung auf Änderungen der Marktlage reagiert.

Und dabei wird es bleiben. Ohne ein Prophet sein zu müssen, kann die Prognose gemacht werden: Auch die Chaostheorie wird an der Unvorhersagbarkeit des Marktes nichts ändern. Sollte sie es jemals können, würden sich sofort alle Marktteilnehmer auf ihre Methode stürzen, mit Hilfe dieser Methode Kauf- oder Verkaufsentscheidungen treffen, feststellen, daß die anderen mit derselben Methode dasselbe entschieden und eben dadurch das Ziel der Methode verfehlen.

Was für die Wirtschaft gilt, gilt auch für die Politik und die Gesellschaft. Die Chaostheorie kann möglicherweise mit aus ihr entlehnten Begriffen manche Phänomene der politischen und gesellschaftlichen Wirklichkeit auf neue Weise beschreiben, und vielleicht können diese Phänomene durch Analogiebildung besser verstanden werden, mehr aber ist von ihr nicht zu erwarten.

Das Auftreten einer Panik bei Feuer im Kino oder im Stadion, das Ausarten einer anfangs friedlichen Demonstration in eine Gewaltorgie, die Pleite eines Unternehmens, der Zusammenbruch eines politischen Systems – dies alles kann man mit Begriffen wie »Diskontinuität«, »Phasensprung«, »Phasenübergang«, »dissipative Struktur« umschreiben, aber ob sie auch zu einem echten Erkenntnisgewinn führen?

Kaum, meint die Kölner Soziologin Renate Mayntz. Trotz einiger Gemeinsamkeiten sozialer Systeme mit natürlichen gebe es doch auch einige bedeutsame Unterschiede. Phasensprünge in der Natur treten bei genau bekannten und wohl definierten Bedingungen auf. Wasser gefriert eben bei null und verdampft bei hundert Grad, wenn normaler Luftdruck herrscht. Für den »Phasensprung« vom Kommunismus zur Marktwirtschaft oder von der Agrar- zur Industriegesellschaft existieren solch einfache Bedingungen oder absolute kritische Werte nicht.

Und wenn sie existierten, könnten sie in dem Augenblick, in dem sie erkannt werden, möglicherweise auch geändert werden, denn soziale Systeme bestehen aus Menschen, und die haben einen Willen, die können lernen und zielgerichtet handeln. Und noch etwas ist anders: Soziale Phasensprünge sind historisch. Anders als in den Naturwissenschaften sind gesellschaftliche Prozesse selten reproduzierbar. Man kann mit ihnen nicht experimentieren, als hätte man noch Heerscharen menschlicher »Labormäuse« in Reserve.

Aus dem bisher Gesagten ergibt sich: Daß sich aus der Chaosforschung irgendwann einmal praktische Anweisungen für gesellschaftliches, politisches oder unternehmerisches Handeln ableiten lassen, ist eher unwahrscheinlich. Und auch für eine bessere Prognostik in Politik, Soziologie und Wirtschaft gibt die Chaosforschung nichts her. Das wird manchen enttäuschen.

Aber kommt dieses »enttäuschende« Ergebnis wirklich überraschend? Schließlich trat die Chaostheorie nie mit dem Anspruch auf, Vorhersagbarkeit auf Gebieten zu ermöglichen, wo bisher Unvorhersagbarkeit herrschte. Eher handelt es sich um das Gegenteil: Die Chaostheorie machte uns bewußt, daß selbst dort Unvorhersagbarkeit auftreten kann, wo wir uns bisher im sicheren Hafen der Vorhersagbarkeit wähnten. Die Chaostheorie ließ unseren festen Boden der gesicherten wissenschaftlichen Erkenntnisse zur bloßen Insel schrumpfen, die vom Meer prinzipieller Unvorhersagbarkeit umspült und manchmal auch überflutet wird.

Die Zukunft ist ungewiß. Und seit wir die Ergebnisse der Chaosforschung kennen, sind wir gewiß, daß die Zukunft eigentlich noch viel ungewisser ist.

Wo bleibt der Nutzen?

In letzter Zeit ist es ruhiger geworden um die Chaosforschung. Sprachen Wissenschaftler während der siebziger und achtziger Jahre noch euphorisch von einem neuen Paradigma, einer neuen wissenschaftlichen Revolution, die unser Weltbild verändert, und in ihrer Bedeutung der Relativitäts- und Quantentheorie gleichkommt, so gleitet die neue Disziplin jetzt offenbar in jenes zweite Stadium, das bisher noch keiner echten oder nur scheinbaren Revolution erspart worden ist: in die Phase der Ernüchterung.

In dieser Phase bläst den Chaosforschern der Wind ins Gesicht, ernten sie Widerspruch von jenen Kollegen, die mit ihnen um die Forschungssubventionen rangeln. Der Erkenntniswert der Chaosforschung sei gering, ihr praktischer Nutzen gleich Null, sagen die Kritiker, und wenn sie auch nicht alles gleich pauschal als Humbug verdammen, so plädieren sie doch vehement dafür, die Chaosforschung tiefer zu hängen.

Strenge Mathematiker stören sich an der zentralen Rolle, die der Computer in der Chaosforschung spielt. Sie fürchten die Gefahr, daß mathematische Fragen künftig statt durch strenge Beweisführung durch zweifelhafte Computerexperimente entschieden werden. Andere bestreiten schlicht den Wert der neuen Mathematik. Bis jetzt habe etwa die fraktale Geometrie weder bestehende Aufgaben gelöst, noch sei sicher, ob sie neue, weiterführende Fragen aufgeworfen habe, sagt der Mathematiker Stephen Krantz von der Universität St. Louis. David Ruelle schreibt in seinem Buch »Zufall und Chaos«, »daß viele neuere Untersuchungen über das Chaos von geringem Wert sind. Das hat unglücklicherweise den Gegenstand für viele Naturwissenschaftler, einschließlich der Mathematiker, die Entscheidendes zur frühen Forschung auf diesem Gebiet beigetragen haben, in Verruf gebracht«. Für manche ist das schon ein Grund, die Chaosforschung als Irrweg, als bloße Modeerscheinung abzutun, ist doch eine Wissenschaft, die sich für Prognosen nicht eignet und praktische Anwendungen kaum erwarten läßt, keine harte, keine richtige Wissenschaft, jedenfalls keine Naturwissenschaft.

Die Phase der Ernüchterung stellt für ein Projekt in der Regel die eigentliche Bewährungsprobe dar. In dieser Phase entscheidet sich gewöhnlich, ob sich die zu Beginn gehegten Hoffnungen erfüllen werden, oder ob die Angelegenheit nur eine Modeerscheinung war, die demnächst versanden wird. Welchen der beiden Wege wird also die Chaosforschung einschlagen? Die Antwort ist eigentlich gar nicht so schwer: Chaos als Mode wird verschwinden. Deterministisches Chaos als Forschungsgegenstand wird bleiben.

Dynamische Systeme, nichtlineare Vorgänge in der Natur, rückgekoppelte Entwicklungen sind nun einmal reale Phänomene, und sie sind nicht einmal die Ausnahme, sondern die Regel. Ein weites Feld der Forschung ergibt sich daraus, ein Feld, das bisher brach liegen gelassen wurde, weil es sich für herkömmliche wissenschaftliche Methoden als unzugänglich erwies. Mit den bisherigen Ergebnissen der Chaosforschung hat man nun aber Methoden in die Hand bekommen, die es erlauben, sich der bisher aussichtslos erscheinenden Komplexität dynamischer Systeme auf neue Weise zu nähern. Schon deshalb wird es weitergehen mit der Chaosforschung.

Der Vorwurf mangelnder praktischer Anwendbarkeit trifft nicht. Die Chaosforschung befindet sich überwiegend noch im Stadium der Grundlagenforschung. Davon hat man sich noch nie unmittelbar anwendbare Techniken versprochen. Der Vorwurf mangelnden Nutzens fällt überdies mindestens zur Hälfte auf jene zurück, die ihn machen. Die Ergebnisse der Chaosforschung müßten nur zur Kenntnis genommen und angewandt werden, dann würde sich der Nutzen schon einstellen, beispielsweise in der Psychologie und allen anderen Humanwissenschaften.

Wenn etwa die Chaosforscher beweisen, daß schon so simple Systeme wie Pendel oder tropfende Wasserhähne zu komplex sind, um ihr Langzeitverhalten auszurechnen, um wieviel aussichtsloser muß da der Versuch erscheinen, das komplexeste System, das diese Welt hervorgebracht hat, ausrechnen zu wollen, den Menschen? Trotz dieser von der Chaostheorie nahegelegten Aussichtslosigkeit bosseln empirische Psychologen, Pädagogen und andere Humanwissenschaftler unverdrossen am Menschen herum, messen und rechnen mit scheinbar exakten

Zahlen und häufen Datenberg auf Datenberg, ohne je zu einer wirklich aufregend neuen Erkenntnis über den Menschen oder einem praktisch anwendbaren Ergebnis für die Erziehung oder Heilung seelischer Krankheiten zu kommen. Auch Soziologen und Wirtschaftswissenschaftler würden sich womöglich seltener in ihren selbst errichteten Zahlengestrüppen verheddern, wenn sie ihre Blicke weg von der Einzelheit wieder mehr auf das dynamische Ganze richteten.

Wäre es daher nicht schon ein enormer praktischer Nutzen, wenn die Datenhuber in den Humanwissenschaften ihr geistloses Messen und Zählen endlich als wenig ergiebig erkennen und den Trampelpfad des scheinbaren Empirismus verließen? Vielleicht würden dann die Kräfte frei für kreativere und effizientere Forschungsmethoden, und vielleicht entdeckte man vielversprechendere, bisher unbeachtete Seitenwege.

In der Chaosforschung steckt ein enormes Potential fruchtbarer Fragen und Forschungsmöglichkeiten für die Wissenschaften vom Menschen. Allein das Phänomen der »Sensitivität der Anfangsbedingungen«, auf die großen und kleinen Krisen des Lebens und der Gesellschaft angewandt, birgt viele tausend Mannjahre potentieller Forschung. Wie, zum Beispiel, wirken sich kleine und kleinste Änderungen, Einflüsse, Interventionen in jenen Krisen aus, die Piaget bei der Entwicklung des Menschen vom Baby zum Erwachsenen entdeckt hat? Was bewirken kleine Änderungen in krisenhaften Gesellschaften oder in prekären wirtschaftlichen Lagen?

Wenn klar ist, daß wir auf Inseln der Ordnung in einem Meer von Chaos leben, wenn klar ist, daß es ewige Stabilität in irdischen Systemen nicht gibt, und wenn klar ist, daß scheinbar stabile Systeme über Jahrtausende Stabilität vortäuschen und dann innerhalb kürzester Zeit instabil werden können – kann man dann eigentlich dem Projekt einer Endlagerung von Atommüll in irgendwelchen Salzstöcken wirklich guten Gewissens zustimmen? Muß man nicht überhaupt alle großtechnologischen Projekte neu überdenken, diesmal aber mit präziseren Fragen, zum Beispiel der Frage: Verhält sich ein technologisches Großprojekt in allen seinen Teilen wirklich zu jeder Zeit linear? Wenn man diese Frage bejahen kann, dann ist die Großtechnologie auch beherrschbar. Muß die Frage verneint werden, dann ist die Großtechnologie nicht beherrschbar, und dann sollte sich die Menschheit schnellstens davon verabschieden, bevor kleinste Änderungen zu größten anzunehmenden Unfällen führen.

Die Tatsache, daß chaotische Systeme hochempfindlich auf kleinste Änderungen reagieren, lenkt in diesem Zusammenhang die Gedanken auch in eine ganz andere Richtung: in die Homöopathie, die ja Krankheiten mit höchsten Verdünnungen in verschiedenen Potenzen zu kurieren versucht. Könnte sich hier nicht eine Entschärfung des Streits zwischen der Schul- und der Alternativmedizin anbahnen? Wäre die Untersuchung von medikamentösen Gaben in kleinsten Dosen unter dem Aspekt der »Sensitivität chaotischer und komplexer Systeme« nicht ein interessanter Forschungsansatz?

Benno Hess, emeritierter Leiter des Max-Planck-Instituts für Ernährungsphysiologie und einer der ersten Chaosforscher in Deutschland, hält dies für einen vielversprechenden Ansatz. Die Frage ist nur: Warum geht dieser Sache niemand nach?

Die Chaosforschung – Symptom für eine geistige Klimawende

Die Chaostheorie, also jene Wissenschaft, die beschreibt, wie alte Ordnungen sich auflösen und neue entstehen, trägt selbst auch mit dazu bei, daß sich in den Wissenschaften alte Ordnungen auflösen und neue entstehen. In der Mathematik löst sie die hohe Bedeutung der Funktion ab und setzt an deren Stelle die Iteration. Und an die Stelle der wichtigsten Werkzeuge des Mathematikers – Bleistift, Lineal, Zirkel und Papier – tritt ein neues Werkzeug: der Computer.

Dienten die alten Werkzeuge des Mathematikers dem obersten Ziel, mathematische Sätze nach exakt definierten Prinzipien streng zu beweisen, so rückt jetzt mit dem Computer ein Verfahren in den Vordergrund, das bisher in der Mathematik streng verpönt war: das Ausrechnen, das Probieren, eine experimentelle Mathematik. Und gleichzeitig mit dieser Hinwendung zum Experiment wendet sich die

Aufmerksamkeit weg von den alles beherrschenden linearen Differentialgleichungen hin zu den in der Vergangenheit wenig ergiebigen und darum systematisch unberücksichtigten nichtlinearen Gleichungen. Ebenso wendet sich das Interesse ab von den »unnatürlichen Formen«, dem regelmäßig Schönen, hin zu den »natürlichen Formen«, dem Unregelmäßigen, dem versteckten Schönen. Statt der »ordentlichen« Geraden, Dreiecke, Kreise, Ellipsen, Parabeln und Hyperbeln interessiert jetzt Krummes, Verschnörkeltes, Knorriges. Statt schöner Kugeln, Kegel und Pyramiden beschäftigt man sich jetzt mit groß- und kleinporigen, pockennarbigen, verschrumpelt-und-verhutzelten Chaosformen.

Und eben darin entdeckt man jetzt die Schönheit. Friedrich Cramer sagt dazu: »Schönheit ist offenbar am ergreifendsten, am deutlichsten dort, wo sie an die Grenzen zum Chaos vorstößt, wo sie ihre Ordnung freiwillig aufs Spiel setzt. Schönheit ist eine schmale Gratwanderung zwischen dem Risiko zweier Abstürze: auf der einen Seite die Auflösung aller Ordnung in Chaos, auf der anderen die Erstarrung in Symmetrie und Ordnung.« Wie wahr das ist, sieht man an den Fraktalen, den Julia- und Mandelbrotmengen. Interessant ist weder der Bereich innerhalb der Menge, noch derjenige außerhalb. Interessant, ja faszinierend, ist nur die Grenze.

Die Wendung weg vom Regulären, hin zum Irregulären, kann man auch in den anderen Wissenschaften und in vielen Bereichen des gesellschaftlichen Lebens beobachten. Funktionales Design und Bauhausarchitektur sind auf dem Rückzug. Ökologen haben uns darauf aufmerksam gemacht, daß unsere Bezeichnung »Unkraut« für Pflanzen, die uns nichts nützen, Ausdruck einer unzulässigen Absolutsetzung eines anthropozentrischen Weltbilds ist, weil »Unkräuter« abseits vom Nutzen für uns eine wichtige Rolle für den Naturhaushalt als Ganzes spielen. Diese anthropozentrische Haltung schlägt inzwischen auf den Menschen zurück.

Chaosforscher machen uns nun darauf aufmerksam, daß die Wissenschaftler in ihrem jahrhundertelangen Bemühen, bei ihren Untersuchungen von Störgrößen abzusehen, »Dreckeffekte« systematisch auszuschließen und Zufälliges zu ignorieren, sich selbst wesentlicher Erkenntnismöglichkeiten beraubt haben. Man kann nun fragen: Warum entdecken die Wissenschaftler das alles erst jetzt? Henri Poincaré hatte sie doch schon vor mehr als hundert Jahren mit der Nase darauf gestoßen?

Dies nur auf fehlende Computer zurückzuführen, wäre wohl ein bißchen zu kurzschlüssig. Daß Wissenschaftler überall auf der Welt jetzt bestimmte Meßreihen aus den Papierkörben fischen, die sie vor 20, 30 Jahren dorthin geworfen haben, erklärt der Physiker Mario Markus vom Max-Planck-Institut für Ernährungsphysiologie damit, daß auch Wissenschaftler bewußt oder unbewußt von den zu ihrer Zeit herrschenden Geistesströmungen mitgezogen werden. Bis etwa 1960 seien hochinteressante chaotische Meßreihen systematisch in den Papierkörben gelandet, behauptet Markus, einer der herausragenden Chaosforscher in Deutschland, der auch die philosophischen Implikationen der Chaostheorie mitbedenkt. Bis um das Jahr 1960 seien Wissenschaftler von jenem Geist beeinflußt worden, den Laplace verbreitet und der schon Ernst Chladni befallen hatte, als er sich mit den nach ihm benannten »Chladnischen Klangfiguren« beschäftigte.

Chladni streute 1780 Sand auf Glas- oder Metallplatten, strich über deren Ränder mit einem Geigenbogen und brachte sie so zum Schwingen. Die Schwingungen ordneten den Sand zu schönen regelmäßigen Mustern. Natürlich gab es auch chaotische Muster. Hätte Chladni diese Muster veröffentlicht, wäre er vor 200 Jahren zum Begründer der Chaosforscher geworden, sagt Markus. Und vielleicht wäre unserem Jahrhundert der marxistische Irrglaube und all das damit verbundene Unglück erspart geblieben, denn die Herren Marx und Hegel, die etwas von der Unvorhersagbarkeit dynamischer Systeme gehört hätten, würden sich schwergetan haben, der Welt glaubhaft zu verkünden, auch die Geschichte sei determiniert und vollziehe sich nach ehernen Gesetzen.

Aber Chladni hatte leider nur die regelmäßigen Muster veröffentlicht und die chaotischen verworfen. Warum wohl? Chladni war ein Zeitgenosse von Laplace, »und zu der Zeit war Chaos tabu«, antwortet Markus. So konnte der Laplacesche Dämon noch im 19. und 20. Jahrhundert die größten Geister an einen Geschichtsdeterminismus glauben lassen, der sie blind machte für das Leid, welches das kommunistische Experiment ein dreiviertel Jahrhundert lang über Millionen von Menschen brachte.

Wenn heute nun das Tabu fällt, dann leben wir auch in einer anderen Zeit. Vielleicht ist das Wort »Revolution« für die Chaosforschung ja wirklich zu hoch gegriffen. Aber daß ein Paradigmenwechsel stattgefunden haben muß, ist nicht mehr zu bestreiten. Dieser Wechsel zeigt sich auch in vielen anderen Erscheinungen, zum Beispiel der Popularität der Chaosforschung bei Laien. Bis noch vor wenigen Jahren waren Mathematik und Physik hermetisch abgeriegelte Bereiche, in denen sich wenige Spezialisten mit unanschaulichen, fast schon esoterisch anmutenden Dingen wie Spins und Quarks und Singularitäten beschäftigten und mit Milliarden Dollar teuren Instrumenten experimentierten. Die Chaosforschung brach aus diesen Reservaten aus, mischte sich unters Volk, bot Laien anschauliche Wissenschaft, zeigte ihnen, wie man durch geduldiges Tüfteln am Heim-Computer Wissenschaft betreiben kann.

Markus sieht hier eine Parallele zur Pop-Musik und zur Kunst. Texte von Liedermachern wie Frank Zappa oder Bob Dylan sind doppelt kodiert und erreichen deshalb die Elite und die Masse zugleich. Die alte Kluft zwischen einer Kunst der »Gebildeten« und einer Subkunst der »Ungebildeten« werde überbrückt. Ähnlich überbrücke die Chaosforschung die Kluft zwischen Wissenschaft und Öffentlichkeit.

Und noch etwas leistet die Chaosforschung: Sie holt die elitäre Wissenschaft von ihrem hohen Roß herunter, weist sie in ihre Grenzen. Wer Abschied nimmt von dem Bemühen, die Zukunft vorherzusagen und sich damit begnügt, Bedingungen der Vorhersagbarkeit und Unvorhersagbarkeit zu formulieren, wird bescheiden. Die alte Hybris der Wissenschaft und der mit ihr verbundene Machbarkeitswahn treten ihren Rückzug an. Die Wissenschaft wird wieder menschlicher. Allein schon dafür sollten wir der Chaosforschung dankbar sein.

Literaturverzeichnis

Bücher

John Briggs, F. David Peat: Die Entdeckung des Chaos. Eine Reise durch die Chaos-Theorie. Hanser 1990.

Joachim Bublath: Das neue Bild der Welt. Chaos, Relativität, Weltformel. Ueberreuther 1992.

Friedrich Cramer: Chaos und Ordnung. Die komplexe Struktur des Lebendigen. DVA 1988.

Paul Davies: Prinzip Chaos. Die neue Ordnung des Kosmos. C. Bertelsmann 1988.

Wolfgang Gerok: Ordnung und Chaos in der unbelebten und belebten Natur. Verhandlungen der Gesellschaft Deutscher Naturforscher und Ärzte, 115. Versammlung, 1988 in Freiburg. Wissenschaftliche Verlagsgesellschaft 1990.

James Gleick: Chaos – die Ordnung des Universums. Vorstoß in Grenzbereiche der modernen Physik. Droemer Knaur 1988.

Hermann Haken: Erfolgsgeheimnisse der Natur. Synergetik: Die Lehre vom Zusammenwirken. DVA 1986.

Bernd-Olaf Küppers (Hrsg.): Ordnung aus dem Chaos. Prinzipien der Selbstorganisation und Evolution des Lebens. Serie Piper 1987

Benoît B. Mandelbrot: Die fraktale Geometrie der Natur. Birkhäuser 1987.

H.-O. Peitgen, Hartmut Jürgens u. Dietmar Saupe: Bausteine des Chaos. Fraktale. Springer/Klett-Cotta 1992.

H.-O. Peitgen, P. H. Richter: The beauty of Fractals. Springer 1986.

Tom Peters: Kreatives Chaos. Die neue Management-Praxis. Hoffmann und Campe 1988.

David Ruelle: Chance und Chaos. Princeton University Press, New Jersey 1991.

Hans-Jürgen Warnecke: Die Fraktale Fabrik. Revolution der Unternehmenskultur. Springer 1992.

Zeitschriften

Chaos und Fraktrale. Spektrum der Wissenschaft: Verständliche Forschung. Spektrum-der-Wissenschaft-Verlagsgesellschaft 1989.

Ordnung und Chaos. Universitas, Zeitschrift für interdisziplinäre Wissenschaft 8/1991.

Artikel

Benno Hess: Spiralen in Chemie und Biologie, Festvortrag auf der Eröffnungsveranstaltung der Leopoldina-Jahresversammlung. Nova acta Leopoldina NF 67, Nr. 281, 73–96 (1992).

Benno Hess: Order and Chaos in chemistry and biology. Fresenius' Journal Analytical Chemistry (1990) 337: 459–468.

Mario Markus: Unvorhersagbarkeit in einer deterministischen Welt: Der Tod des Laplaceschen Dämons. Uni Report, Berichte aus der Forschung der Universität Dortmund, 15–20, 13/1991.

G. E. Morfill, H. Scheingraber: Antrag zur Förderung eines Vorhabens im Bereich Komplexitätsanalysen von Biosignalen beim Menschen. Max-Planck-Institut für extraterrestrische Physik, München 1993.

Anatol M. Zhabotinsky, Stefan C. Müller, Benno Hess: Pattern formation in a two-dimensional reaction-diffusion system with a transversal chemical gradient. Physica D 49 (1991) 47–51, North-Holland.

Bildnachweis

Abbildung 21: nach John Briggs, F. David Peat: Die Entdeckung des Chaos. Eine Reise durch die Chaos-Theorie. Hanser 1990

Abbildung 22: nach Hermann Haken: Synergetik: Vom Chaos zur Ordnung und weiter ins Chaos. In: Wolfgang Gerok: Ordnung und Chaos in der unbelebten und belebten Natur. Verhandlungen der Gesellschaft Deutscher Naturforscher und Ärzte, 115. Versammlung 1988 in Freiburg. Wissenschaftliche Verlagsgesellschaft 1990

Abbildung 23 bis 26: nach G. E. Morfill, H. Scheingraber: Antrag zur Förderung eines Vorhabens im Bereich Komplexitätsanalysen von Biosignalen beim Menschen. Max-Planck-Institut für extraterrestrische Physik, München

Abbildung 32 bis 37: nach H.-O. Peitgen, Hartmut Jürgens u. Dietmar Saupe: Bausteine des Chaos. Fraktale. Springer/Klett-Cotta 1992

Abbildung 39 bis 42: nach H.-O. Peitgen, Hartmut Jürgens: Fraktale: Computerexperimente (ent)zaubern komplexe Strukturen. In: Wolfgang Gerok: Ordnung und Chaos in der unbelebten und belebten Natur. Verhandlungen der Gesellschaft Deutscher Naturforscher und Ärzte, 115. Versammlung 1988 in Freiburg. Wissenschaftliche Verlagsgesellschaft 1990

Abbildung 43: H.-O. Peitgen, Hartmut Jürgens u. Dietmar Saupe: Bausteine des Chaos. Fraktale. Springer/Klett-Cotta 1992

Die anderen Darstellungen wurden vom Autor selbst am Computer erzeugt und wie die oben angeführten von Reimund Mager in Druckvorlagen umgewandelt.

Namens- und Sachverzeichnis